江西师范大学博士文库专项资助成果

高斯的内蕴微分几何学与
非欧几何学思想之比较研究

陈惠勇 著

A COMPARATIVE RESEARCH ON THE
THOUGHT OF GAUSSIAN INTRINSIC
DIFFERENTIAL GEOMETRY AND
NON-EUCLIDEAN GEOMETRY

U0350001

高等教育出版社·北京

图书在版编目（ＣＩＰ）数据

高斯的内蕴微分几何学与非欧几何学思想之比较研究 /
陈惠勇著 . -- 北京 : 高等教育出版社 , 2015. 12
ISBN 978-7-04-044117-8

Ⅰ . ①高… Ⅱ . ①陈… Ⅲ . ①高斯 , J. C. F. （1777~
1855）- 几何学 - 思想 - 研究 Ⅳ . ① O18

中国版本图书馆 CIP 数据核字（2015）第 253577 号

策划编辑 李华英	责任编辑 李华英	封面设计 李卫青	版式设计 于 婕
插图绘制 邓 超	责任校对 高 歌	责任印制 毛斯璐	

出版发行	高等教育出版社	咨询电话 400-810-0598
社　　址	北京市西城区德外大街4号	网　　址 http://www.hep.edu.cn
邮政编码	100120	http://www.hep.com.cn
印　　刷	三河市骏杰印刷有限公司	网上订购 http://www.landraco.com
开　　本	787 mm × 1092 mm 1/16	http://www.landraco.com.cn
印　　张	12	版　　次 2015年12月第 1 版
字　　数	180 千字	印　　次 2015年12月第 1 次印刷
购书热线	010-58581118	定　　价 49.00 元

本书如有缺页、倒页、脱页等质量问题，请到所购图书销售部门联系调换
版权所有　侵权必究
物料号　44117-00

约翰·卡尔·弗里得里希·高斯
（Johann Carl Friedrich Gauss）
1777 年 4 月 30 日—1855 年 2 月 23 日

目录

第 1 章　绪论

　　1827 年 10 月 8 日,德国数学家、物理学家和天文学家约翰·卡尔·弗里得里希·高斯(Johann Carl Friedrich Gauss,1777 年 4 月 30 日—1855 年 2 月 23 日)向哥廷根皇家学会提交了一篇历史性的论文《关于曲面的一般研究》(disquisitiones generales circa superficies curves)及论文的摘要(该论文的摘要刊登于 Gottingische Gelehrte Anzeigen 1827 年第 177 期 1761—1768 页)([1]),高斯在这一伟大的著作中精辟地阐述了微分几何学的一系列全新的重要概念和重要定理,以及展开内蕴微分几何学的重要计划,建立了由曲面的第一基本形式所决定的几何学——内蕴微分几何学,从而开创了微分几何学的新时代.

　　高斯的这项工作,实际上创立了数学研究的一个崭新的领域,并且直接导致了黎曼(G. F. Bernhard Riemann,1826—1866)的工作以及广义相对论的数学基础.高斯在这里发展了曲面的理论:高斯曲率(或总曲率)在等距变换下不变性的原理(高斯的绝妙定理)、保形映射的微分(高斯映射)、测地三角形的角度以及小测地三角形的内角和定理(高斯 – 博内定理)等.正是在这个意义上,我们说高斯奠定了微分几何学的基础,标志着微分几何学作为一门独立的学科诞生了.

　　然而,比他这篇关于三维空间中曲面的微分几何学的决定性论述所作出的贡献更为重要的是,高斯提出了一个全新的概念,即一张曲面本身就是一个空间.因而,高斯把欧氏几何推广到曲面上"弯曲"的几何学.这个概念(流形概念的肇始)后来被黎曼所推广,正是高斯的工作激励着黎曼 1854 年的《关于几何基础的假设》的产生,黎曼几何学就此诞生,从而在非欧几何学的研究中开辟了新的远景([2]).黎曼几何学经过后继者一个多世纪的工作,已经成为 20 世纪几何学的主流.因此,高斯在这一工作中所隐含的实际上正是后来为鲍耶、罗巴切夫斯基和黎曼所正式发展的非欧几何学.

1.1　研究目的和方法

　　众所周知,在高斯创立内蕴微分几何学的时期,他已经发现了非欧几何学. 因此,在几何学发展的历史上,一个历史性的疑问一直以来在数学史家的头脑中挥之不去,那就是:为什么高斯没有发表他的非欧几何学研究? 对此众说纷纭. 笔者也带着同样的疑问,并**将高斯的几何学思想(内蕴微分几何学思想与非欧几何学思想)视为一个完整的思想体系,力求从高斯创立内蕴微分几何学的整个背景中去寻求一个比较合理的历史解释. 这是笔者关于高斯几何学思想的一个基本认识,也是本研究的基本出发点.**

由此,很自然地提出以下的问题:高斯的"弯曲"的空间观念是如何产生的? 他是如何突破当时占统治地位的康德(Immanuel Kant, 1724—1804)的空间哲学观念的束缚,并最终获得其哲学观念的变革的? 他又是在怎样的数学思想背景下创立内蕴微分几何学的? 他正在创立的内蕴微分几何学与他已经发现的非欧几何学之间有什么样的内在的逻辑联系? ……

所有这些问题,加之作者本人对于几何学方面的兴趣,这一切促使作者深入地思考并成为作者选题的直接动机. 本书运用数学史比较研究和文献分析研究方法,通过对已有文献进行分析、比较、考察和综合研究,旨在揭示出高斯的内蕴微分几何学思想和他的非欧几何学研究之间的内在联系.

1.2 研究综述

在本节中,我们将分以下几个方面考察与本课题有关的国内外研究现状和相关领域中已有的研究成果:一是考察关于高斯内蕴微分几何学方面的已有研究工作;二是考察前人关于高斯非欧几何学方面的已有研究文献;第三则要考察一般数学史或数学思想史著作关于本课题的研究;第四方面考察关于高斯的传记及生平的有关研究文献.

1.2.1 关于高斯内蕴微分几何学方面的已有研究

(1) Michael Spivak 的《微分几何综合导引》

首先我们要考察的是 Michael Spivak 的名著《微分几何综合导引》(A Comprehensive Introduction to Differential Geometry)([3]). 该著作最早出版于 1970 年,共五大卷,它是一本关于现代微分几何学的非常有趣的书. 作者不仅论述了微分几何学的各个主要方面,而且难得的是,他对微分几何学发展的历史上两个最重要的里程碑——高斯和黎曼的奠基性的著作做了比较详细的阐述. 下面,我们分析该文献关于高斯内蕴微分几何学思想的论述.

在第二卷第 3 章"空间曲面的曲率"(The curvature of surfaces in spaces)中,作者分两个部分:A 怎样读高斯;B 高斯的曲面理论. 在 A 部分,Michael Spivak 首先指出高斯 1827 年的论文《关于曲面的一般研究》是微分几何学历史上最重要的工作,接着对高斯上述论文中的第 1~20 节的内容用现代的语言做了精要的阐述和解释.

在 B 部分,Spivak 用现代微分几何的观点和语言,着重论述了高斯的曲面理论. 分为八个小节和一个补遗,分别是:高斯映射;高斯曲率;魏因加吞映射;第一和第二基本形式;高斯的绝妙定理;曲面的测地线;测地极坐标系中的度量;测地三角形上曲率的积分以及补遗:Bertrand 公式,Puiseux 公式,Diquet 公式. 因而,作者比较全面地阐述了高斯内蕴微分几何学的基本思想和内容.

不知是什么原因,Spivak 对高斯上述论文的第 21~29 节内容完全忽视了. 但是,我们知道,高斯的论文《关于曲面的一般研究》的第 21~29 节内容,几乎占整篇著作的三分之一的篇幅. 高斯为什么要费如此大的篇幅于他的"一般研究"之中? 当我们把高斯的内蕴微分几何学思想与他的非欧几何学研究联系起来考察时,也许可以看出其中的奥秘所在(我们将要在后文中重点论述这种内在的联系). 难道这是 Spivak 的疏忽?

高斯–博内定理被高斯自己誉为"曲面理论中最精美的定理"([1]). 高斯不愧是数学家之王. 从微分几何学的整个发展历史来看,高斯–博内定理就像一条红线贯穿于分析、几何和拓扑之间,更是将各种非欧几何学统一为一体,使欧氏几何与非欧几何的内在联系得以揭示出来.

Michael Spivak 在其著作中不惜笔墨,系统地论述了高斯–博内定理及其发展的极其广泛的内容. 在第三卷第 6 章"高斯–博内定理和相关课题",Spivak 论述了([4]):曲面上正交活动标架的联络形式和在平行移动下角度的变化;多边形区域上 KdA 的积分;高斯–博内定理和一些结果;曲面的总的绝对曲率;极小总绝对曲率的曲面;曲线的总曲率;芬切尔定理和法里–米尔诺定理;以及两个补遗:具有常数负曲率的紧曲面,法映射度.

特别的是,Michael Spivak 在其著作的第五卷第 13 章(最后一章)中([5]),以相当大的篇幅论述了一个非常重要的主题:广义高斯–博内定理和它对于人类知识的意义. 在这一章中,Spivak 认为高斯–博内定理是微分几何学中最著名的定理之一,并概述了高斯–博内定理从高斯(1827)到陈省身给出其内蕴证明(1944)的简要的历史评述. 接下来分十二节分别论述了:丛上的算子;格拉斯曼丛和万有丛;普法夫系统;联络的欧拉类的定义;示性类的概念;齐性空间的上同调;经典不变量理论、不变性问题;定向格拉斯曼上同调;韦伊同态;复丛以及有关的应用等非常广泛的领域. 由此可知高斯 - 博内定理在微分几何学的历史发展中的重要地位和意义.

（2）Peter Dombrowski 的专题论文

在作者查阅的所有文献中,对高斯的内蕴微分几何学思想及其历史进行专题研究的文献,最详细最全面的当属 Peter Dombrowski 于 1977 年 4 月 24 日在高斯的出生地不伦瑞克(Brunswick)所做的专题报告《微分几何学——在高斯的〈关于曲面的一般研究〉发表 150 年后》(Differential Geometry – 150 Years After CARL FRIEDRICH GAUSS' disquisitiones generales circa superficies curves). 该文是为纪念高斯诞生 200 周年暨高斯《关于曲面的一般研究》发表 150 周年而做的专题报告,刊登于法国数学会杂志 Astérisque 1979 年第 62 卷. 并且在该专辑中,同时刊登了高斯的《关于曲面的一般研究》以及其论文摘要的原文和英文对照(其英文选自 A. Hiltebeitel 和 J. Morehead 于 1902 年的翻译).

Peter Dombrowski 在该文中比较详细地研究了高斯《关于曲面的一般研究》的内容、有关的历史以及 150 年(1827—1977)来微分几何学的一些重要的主题、结果和发展等广泛的课题.

在高斯的内蕴微分几何学思想的研究方面,该文献是笔者的重要参考文献. 但是,由于该文献仅研究高斯的内蕴微分几何学思想及其有关问题,而并未涉及高斯的非欧几何学研究,更未研究高斯的内蕴微分几何学与非欧几何学之间的内在联系,因而,笔者认为 Peter Dombrowski 的专题论文对于全面理解高斯的几何学思想仍存在一些不足之处.

1.2.2 关于高斯非欧几何学方面的已有研究

以下我们考察关于高斯非欧几何学方面的已有研究文献. 众所周知,高斯生前没有公开发表他的非欧几何学研究. 因此,对于高斯的非欧几何学研究,后人都是从高斯的通信、笔记以及他的未发表的论文中,寻找高斯发现非欧几何学的思想轨迹. 这方面的最重要的原始文献是《高斯全集》中有关的史料,其次则是关于非欧几何学的研究文献.

（1）Roberto Bonola 的《非欧几何学》

对非欧几何学历史的研究,最具权威的著作当数 Roberto Bonola 的

《非欧几何学——关于其发展的批评与史论研究》(Non-Euclidean Ge-ometry—A Critical and Historical Study of its Developments). 该书的德文版最早出版于 1908 年,英文版(由 H. S. Carslaw 翻译)最早出版于 1911 年. 该著作论述了从欧几里得平行公理的试证、非欧几何学的先驱、非欧几何学的创立直到非欧几何学后来的发展等广泛的领域. 另外值得一提的是,该著作还包含了五个内容丰富的附录,以及鲍耶(János Bolyai, 1802—1860)创造非欧几何学的论文《绝对空间的科学》和罗巴切夫斯基(Nicholas Lobachevski, 1792—1856)创造非欧几何学的论文《平行线理论的几何学研究》的全文英文翻译(均由 George Bruce Halsted 博士翻译,1891 年).

我们特别指出的是,作者在第五章"非欧几何学后来的发展"([7],129—180 页)中论述了微分几何学与非欧几何学这一专题. 将微分几何学与非欧几何学之间的内在联系置于非欧几何学的历史中予以考察,这为我们对高斯的微分几何学思想与非欧几何学做比较考察,提供了非常有意义的借鉴和启迪.

(2) B. A. Rosenfeld 的《非欧几何学的历史》

另一本关于非欧几何学历史的专著就是 B. A. Rosenfeld 的《非欧几何学的历史——几何空间观念的演化》(A History of Non-Euclidean Geometry—Evolution of the Concept of a Geometric Space). 该书的俄文版出版于 1976 年(英文版由 Abe Shenitzer 翻译,Springer 出版社出版,1988 年),是为了纪念 1826 年 2 月 23 日,俄国数学家罗巴切夫斯基所做的关于他的非欧几何学发现的著名演说 150 周年.

该书的作者在第 6 章"罗巴切夫斯基几何学"([8],206—246 页),对非欧几何学的发现、发展以及确认等一系列问题,都做了比较全面的分析. 涉及罗巴切夫斯基、鲍耶、高斯、沃切特、施韦卡特、陶里努斯、贝尔特拉米、凯莱、F. 克莱因、庞加莱等数学家在非欧几何学方面的工作和贡献. 其中的一节"高斯的笔记和信件",论述了高斯的非欧几何学研究. 当然,作者仍停留在基本事实的叙述上([8],214—217 页).

另外,该著作的一个突出的特点是以空间的曲率为线索,论述了微分几何学发展历史的广泛的领域. 在该书第 8 章"空间的曲率"([8],280—326 页),作者讨论了从欧拉著作中的曲面的曲率和内蕴微分几何学、高斯的曲面的内蕴微分几何学等,一直到黎曼的几何学以及广义相对论等广泛的课题. 因此,实际上作者论述了非欧几何学的发展与确认的微分几何学途径.

通观整篇著作,我们可以看到:作者并没有将高斯的非欧几何学发现和他的内蕴微分几何学思想联系起来并加以比较考察和研究,当然也没有指出它们之间的内在联系. 但是,从全书的逻辑上看,作者事实上是把内蕴微分几何学的思想纳入整个非欧几何学历史发展之中的. 实际上,作者深刻地揭示出这样一个逻辑:只有在内蕴微分几何学发展到比较完善的阶段(即黎曼几何学),特别是,爱因斯坦的广义相对论的创立,我们才能真正认清非欧几何学的本质.

这一逻辑值得我们深思. 我们认为对于高斯的几何学思想,也应将其非欧几何学的研究与他所创立的内蕴微分几何学作为一个整体而加以考察,才可能得出比较全面的认识.

(3) 其他的非欧几何学著作

其他的文献,如 B. N. 科士青的《几何基础》(中译本由苏步青译,商务印书馆出版,1954 年 3 月)、陈荩民的《非欧派几何学》(商务印书馆发行,民国二十四年六月)等,所持的观点与上述文献基本相同,故不再赘述.

1.2.3　一般数学史或数学思想史著作关于本课题的研究

从数学史或者数学思想史的角度,对高斯的内蕴微分几何学思想以及他的非欧几何学发现进行研究的文献,专著有 F. 克莱因(Felix Klein,1849—1925)的《19 世纪数学的发展》、斯托罗依克(D. J. Struik)的《微分几何学历史概略》、M. 克莱因(Morris Kline)的《古今数学思想》等,一般数学史著作有斯托罗依克的《数学简史》、卡茨(Victor J. Katz)的《数学史通论》以及我国著名数学史家李文林的《数学史概论》等. 他们都对这一课题做了一定的阐述. 我们简要地叙述如下.

(1) F. 克莱因的《19 世纪数学的发展》

我们知道,F. 克莱因是 19 世纪末 20 世纪初最伟大的数学家之一. 他是著名的《爱尔朗根纲领》(1872)的制定者,也是编辑《高斯全集》的指导者.《高斯全集》的出版历时 67 年(1863—1929),由众多的著名数学家参与,最后是在 F. 克莱因的指导下完成的. 因而,F. 克莱因关于高斯思想的论述,就具有重要的指导意义. 下面,我们分析 F. 克莱因在他的专著《19 世纪数学的发展》(Vorlesungen uber die Entwicklung der Mathematik im 19 Jahrhundert)中对高斯的几何学思想的论述([11]).

F. 克莱因在他的专著的第 1 章,分应用数学和纯粹数学两个部分专门讨论高斯的工作. 首先是应用数学部分,F. 克莱因将高斯的贡献分为三个方面:天文学(1800—1820)、大地测量学(1820—1830)、物理学

(1830—1840). 这里我们主要分析 F. 克莱因关于高斯在大地测量学方面的研究的论述. 我们知道, 高斯的内蕴微分几何学与大地测量学是密不可分的. F. 克莱因首先回顾了 17、18 世纪由于在确定地球形状方面的纯科学兴趣所激发的大地测量学研究的背景, 并指出所有这些问题都集中在通过测量, 来确定我们的地球的形状究竟是扁平的还是拉长的椭球. F. 克莱因叙述了高斯在大地测量方面的研究工作, 并特别提到两点: 其一是高斯著名的对由 Hohenhagen、Brocken 和 Inselsberg 三座山顶构成的三角形及其相应的测地三角形的测量, 另一点就是由于这些年实际的测量工作而导致的内蕴微分几何学的重大发现(1821—1827), 其标志就是 1827 年发表的《关于曲面的一般研究》.

关于高斯的非欧几何学研究, F. 克莱因指出([11], 16 页):

> "但是, 在高斯的这些工作(非欧几何学)里, 我们完全看不到高斯在他的无畏的思想面前退缩. 他与奥伯斯、舒马赫、贝塞尔以及其他人的通信, 连同他的一些未公开发表的论文, 毫无疑问地表明高斯已经掌握了非欧几何学的思想. 虽然关于这个成就高斯一个字也没有发表过, 但是非欧几何的思想, 在他的任何工作里也没有离开过他, 这一点从他的信件中清楚地流露出来."

接着, 通过对高斯自 1799 年至 1824 年期间同一些数学家的通信、札记以及未发表的论文的分析, F. 克莱因对高斯的非欧几何学研究进行简要的分析和概述. 然而, 我们可以看到, F. 克莱因并未对高斯的非欧几何学研究与其内蕴微分几何学思想之间的内在联系作出更进一步的分析和研究. 后来的数学家和数学史家们关于这一问题的研究始终没有突破这一框架.

(2) 斯托罗依克的《微分几何学历史概略》

著名的数学史家斯托罗依克有名的论文《微分几何学历史概略》(Outline of a History of Differential Geometry), 是他于 1931 年夏至 1932 年冬在麻省理工学院所做的系列讲座. 全文分两期刊登于 ISIS 1933 年第 19 卷 92—120 页和 ISIS 1933 年第 20 卷 161—191 页. 作者分 12 个部分论述了微分几何学从萌芽到产生、一直到 1900 年的微分几何学的历史发展. 其中的第 6 节以高斯为题论述高斯的微分几何学. 首先, 斯托罗依克认为高斯的活动是三重的, 即非欧几何学的发现者、内蕴微分几何学的发明者以及理论测量学家. 同时认为高斯的大地测量的实际工作是他的所有几何学发现的基础. 我们知道, 高斯的大部分几何学发现都是在 1815 年至 1830 年间完成的. 虽然斯托罗依克在该文中没有讨论高斯的非欧几何学方面的研究, 但是作者认为高斯的非欧几何学研究深刻地影响了他后来的微分几何 (见 ISIS 1933 年第 20 卷 161 页). 接下来, 斯托罗依克概要地论述了高斯的曲面理论, 即高斯在其《关于曲面的一般研究》中所建立的内蕴微分几何学的基本思想.

然而, 我们注意到, 斯托罗依克在他的另一本著作《数学简史》(A Concise History of Mathematics) 中, 却并未探讨高斯的非欧几何学研究对其微分几何学的影响及其内在的联系.

(3) M. 克莱因的《古今数学思想》

美国著名的数学史家 M. 克莱因的名著《古今数学思想》被誉为"就数学史而论, 这是迄今为止最好的一本". M. 克莱因在该书的有关章节中专门论述了高斯的非欧几何学研究 (第 36 章第 5 节) 和内蕴微分几何学思想 (第 37 章第 1、2 节), 其基本观点与我们前面综述的文献的观点基本相同.

M. 克莱因仍然没有把高斯的内蕴微分几何学思想和高斯的非欧几何学研究作为一个统一的整体, 而是分别进行研究的, 并且他的观点也是值得商榷的. 如关于高斯的内蕴微分几何学, 他说道 (原版 888 页; 中译本 [2], 308 页):

"高斯的工作意味着, 至少在曲面上有非欧几何, 如果把曲面本身看成一个空间的话. 高斯是否看到他的曲面几何学的这种非欧几何学的解释, 那就不清楚了."

同时, M. 克莱因在关于高斯的非欧几何学研究一节的最后说道: "为了检验欧几里得几何学和他的非欧几何学的应用的可能性, 高斯实际测量了由 Hohenhagen、Brocken 和 Inselsberg 三座山峰构成的三角形的内角之和, 三角形三边为 69 km、85 km 与 107 km. 他发现内角和比 180° 超出 14″85. …… 如高斯所认识到的, 这个三角形还小, 又因在非欧几何中, 亏值与面积成正比, 只有在大的三角形中才有可能显示出 180° 与三角和有任何差距."([2], 289 页)

然而, 我们知道, 高斯在他的《关于曲面的一般研究》的第 21 ～ 29 节, 正是着力阐述直边三角形 (欧氏几何学的) 和测地三角形 (非欧几何学的) 之间的角度比较定理和面积比较定理, 高斯将其"检验欧几里得几何学和他的非欧几何学的应用"的实际地理测量的结果记录于他的"一般研究"之中,并构成其中的第 28 节的内容. 笔者认为高斯的真正用意如何,应该值得我们深思(本书将在后面详细论述).

可见,M. 克莱因在关于高斯的内蕴微分几何学与非欧几何学思想的内在联系的观点是自相矛盾的.

(4) 一般数学史著作的论述

我们考察的一般数学史著作,有斯托罗依克的《数学简史》、H. 伊夫斯的《数学史概论》和《数学史上的里程碑》、卡茨的《数学史通论》以及我国著名数学史家李文林的《数学史概论》等. 在他们的著作中,关于高斯的内蕴微分几何学思想和高斯的非欧几何学研究的论述,其观点基本上与我们上述文献中的观点相同——都是没有把高斯的内蕴微分几何学思想和高斯的非欧几何学研究作为一个统一的整体,而是分别进行论述,因而也就没有指出它们之间的内在的逻辑联系. 在此,我们不一一加以叙述.

1.2.4 关于高斯传记及生平的研究文献

关于高斯传记及生平的研究文献比较多,我们分析其中有代表性的文献如下:

(1) E. T. 贝尔的《数学大师》

美国数学史家 E. T. 贝尔(Eric Temple Bell,1883—1960)的名著《数学大师——从芝诺到庞加莱》(Men of Mathematics:The Lives and Achievements of the Great Mathematicians from Zeno to Poincaré)是一本介绍历史上 30 多位数学大师的生平和成就的数学史经典著作. 该书的第 14 章(数学王子——高斯)叙述了高斯的生平和数学贡献. 关于高斯的几何学思想,贝尔主要论述了高斯的微分几何学的贡献,贝尔指出:"但更重要的是,在精确测量一部分大地曲面中出现的问题中,无疑提出了与所有曲面有关的更深刻、更一般的问题. 这些研究将引出相对论的数学. ……从他的研究中产生了微分几何学的第一个伟大的时期. "

接下来,贝尔简要地分析了高斯在他的关于曲面论的著作中关于数学和科学具有重要理论意义的三个问题,即曲率测度、保角映射和曲面的可展性,并比较详细地讨论了高斯在曲面研究中开拓的另一个重要的概念——曲面的参数表示.

关于高斯的非欧几何学研究,贝尔只是提到高斯 12 岁时已经用怀疑的眼光看欧几里得几何基础,到 16 岁时,他已经第一次瞥见了不同于欧几里得几何的一种几何学.

很明显,由于这是一部数学大师的生平和成就的介绍性的科普著作,所以贝尔没有也不可能对高斯的微分几何学思想和非欧几何学研究做系统的研究.

(2) Tord Hall 的《高斯——伟大数学家的一生》

这是一本非常有趣的传记著作,Tord Hall 在该书中用比较通俗的手法,论述了高斯一生的重要贡献及其生活历程. 全书分为家世与环境、孩提时代、大学时代、天文学、结婚与升等、观察误差与概率计算、测绘地图、曲面论、非欧几何学、高斯在物理方面的研究工作、函数论与算术剩余、高斯的其他传略等 12 个部分. Tord Hall 对高斯的主要数学贡献,如他在大学时代所做的正十七边形的研究、代数基本定理以及数论方面的研究,都有比较详细的论述,特别是对高斯的正十七边形的研究,还以附录的形式全文刊载高斯的证明.

关于高斯的曲面论(内蕴微分几何学),Tord Hall 认为"他在曲面论上的研究成果,树立了建筑在一般相对论上的 20 世纪的基石". 而对于高斯的非欧几何学研究,特别是对于高斯的非欧几何学研究与他的内蕴微分几何学之间的关系,Tord Hall 也有独到的见解,并指出:"曲面论那篇文章,确实只谈到欧氏几何学,从中找不出任何迹象,支持上述的揣测. 不过,从第 112 页上所引的他给陶里努斯的信中看来,有点那个意思. 高斯是否真的企图用他那个大三角形为实证,来发现宇宙空间与欧氏几何学的偏差呢? 我们不无疑问. "([19],116 页)

从这里我们可以看出,已有学者注意到并隐含地指出了高斯的内蕴微分几何学思想与他的非欧几何学研究之间的这种内在的联系. 这里有这样一个问题,也是后来的数学家的揣测,即高斯的这些测量还有额外的目的,那就是"检验由光线造成的三角形 *HBI* 的内角和,和欧几里得的值 180°是否有偏差". ([19],116 页)

总的来说,Tord Hall 的这本著作所提出的疑问,是值得我们深入思考的. 当然,作为一本传记体裁的专著,他不可能对高斯的几何学思想的这种内在的本质做深入研究. 而这也就给笔者的研究以深刻的启迪,并留下广阔的研究空间.

(3) W. K. Bühler 的《高斯传记》

W. K. Bühler 的《高斯传记》(Gauss—A Biographical Study)是作者为纪念高斯诞生 200 周年(1777—1977)、高斯逝世 125 周年(1855—1980)而作的传记体裁的研究文献,该书由著名的 Springer 出版社于

1981 年出版.

该书分 15 章,以高斯的生平和学术为线索,论述了高斯从童年一直到逝世的整个一生的学术及生活的各个方面. 书中还提供了三个有价值的附录:高斯全集的编辑、二手文献的考察和高斯著作的目录,这对于了解高斯的工作以及相关的研究是一个很好的导引.

下面我们考察 Bühler 关于高斯的几何学思想的论述. 该书的第 9 章"大地测量学与几何学"([20],95—109 页),Bühler 对高斯在大地测量学和微分几何学方面的思想都有比较充分的论述,并且涉及高斯的非欧几何学研究,其基本观点与前述的文献并无二致.

但是,有两处值得提及:一是在该书第 102 页中,Bühler 指出:"正如我们看到的,在他的大地测量工作的这段时期中,高斯在非欧几何学方面的兴趣又被重新点燃. 在大地测量与几何基础之间存在一些(虽然不是直接的)联系,同样的联系也存在于高斯关于微分几何学与保形映射方面的工作中,这两方面的工作实际上都是由于大地测量所引起的并且本质上是由大地测量所影响的. "接下来,Bühler 特别提到高斯的两篇重要的论文,即 1822 年的"哥本哈根获奖论文"和 1827 年的《关于曲面的一般研究》.

另一点我们必须提到的是,该书的第 106 页中,Bühler 提到了高斯测量由三座山峰构成的大测地三角形作为他检验其理论的例证,并引用了高斯于 1827 年 3 月 1 日给奥伯斯的信,其中高斯说道:

> "在实际当中,这(指地球表面测地三角形的不同角的修正值的差异)当然一点也不重要,因为它对于地球上可以测量的大三角形来说是微不足道的;然而,**科学的尊严要求我们必须清楚地理解这个不等量的本质**. "(注:粗体为笔者所加)

之后,Bühler 感到非常奇怪和不解地说道:"非常奇怪的是,他(高斯)仅在其发表的论文中以隐蔽的方式提到这一考虑. "([20],106 页)

实际上,当我们将高斯的内蕴微分几何学与非欧几何学研究联系起来思考,并深入地分析高斯创立内蕴微分几何学的思想轨迹,我们将会发现高斯在其"一般研究"中的真正用意. 也许,这就不难理解并完全可以解开 Bühler 先生的不解和奇怪了.

(4) 国内学者对高斯的生平和成就的研究

国内学者对数学家的思想方法及生平传记的研究,最具代表性的文献,当数由吴文俊先生主编的《世界著名数学家传记》(科学出版社,

1995),以及由解恩泽、徐本顺主编的《世界数学家思想方法》(山东教育出版社,1993). 其中,我国学者袁向东和张祖贵先生分别从不同的侧面对高斯的生平和思想方法做了比较详细的研究和论述. 以下我们分析他们对高斯的几何学思想的论述.

袁向东先生在高斯传记中写道:"高斯的几何学研究,使他实现了19 世纪最富革命精神的两项几何创造:非欧几何学和内蕴微分几何学." 接下来简要地叙述了高斯的这两项创造.

张祖贵先生在《世界数学家思想方法》中,则从数学思想方法的侧面论述了高斯的几何学思想,并把高斯的非欧几何学与微分几何学的工作看成"纯粹思辨的灵感与脚踏实地的启发"的产物,即传统数学思想批判与哲学思想批判——非欧几何学;实际测量与抽象的精美理论——从大地测量到微分几何.

然而,关于高斯的几何学思想,国内学者的观点仍然与前面考察的文献的观点基本一致.

1.3 问题的提出

总之,从上述几个方面的已有文献的分析和研究中,我们发现:关于高斯的内蕴微分几何学思想和高斯的非欧几何学研究,一般而言,都是独立地分别加以研究和论述的([9,13,14,15,16]等). 虽然有的专著或文献已经提到高斯的非欧几何学研究对高斯的微分几何学研究有重要的影响([12]),但是,对这种深刻的影响的研究却并未见到. 甚至在有的文献中,对高斯的内蕴微分几何学与非欧几何学研究之间的内在逻辑联系的论述上还存在着逻辑上的矛盾之处([2]). 然而有的专著却提出了疑问,即高斯是否在其曲面论的研究中蕴含了其非欧几何学的研究,或者是用其曲面论的研究作为其非欧几何学研究的实证([19]). 但是,从真正意义上揭示高斯的内蕴微分几何学思想与其非欧几何学研究的这种内在联系的研究尚属于空白,未见有学者专门地研究.

有鉴于此,笔者尝试提出以下问题,并进行系统的研究.

① 高斯的非欧几何学研究的核心问题是什么?

② 高斯是如何解决他的核心问题的? 其实现途径是什么?

③ 高斯的内蕴微分几何学在其本质上是否已经解决了他的非欧几何学研究的核心问题? 或者说,是否实现了他的非欧几何学?

④ 怎样重新认识高斯 – 博内定理在理解高斯的内蕴微分几何学

与非欧几何学研究的内在联系以及在实现高斯非欧几何学的途径中的意义?

⑤ 怎样重新认识高斯－博内定理对于人类关于空间性质的认知乃至对于整个数学史的重要意义?

⑥ 如果我们的研究能够回答上述问题,那么我们将会有怎样的结论?

⑦ 下一个问题是什么?

这一系列的问题,引导我们深入内蕴微分几何学与非欧几何学的广泛领域,包括它们的渊源、思想、内在的逻辑联系,等等.

参考文献

[1] C. F. Gauss. Werke Ⅳ. Gottingen, 1880:217 – 258.

[2] 莫里斯·克莱因. 古今数学思想(第三册). 上海:上海科学技术出版社,2002.

[3] M. Spivak. A Comprehensive Introduction to Differential Geometry. Publish or Perish, INC. Berkely, 1997,2:74 – 131.

[4] M. Spivak. A Comprehensive Introduction to Differential Geometry. Publish or Perish, INC. Berkely, 1997,3:386 – 444.

[5] M. Spivak. A Comprehensive Introduction to Differential Geometry. Publish or Perish, INC. Berkely, 1997,5:385 – 574.

[6] P. Dombrowski. Differential Geometry: 150 Years After CARL FRIEDRICH GAUSS' disquisitiones generales circa superficies curves. asterisque. 1979,62:1 – 153. Soc. Math. France.

[7] R. Bonola. Non-Euclidean Geometry: A Critical and Historical Study of Its Developments. New York, Dover Publications, Inc. 1955:64 – 75.

[8] B. A. Rosenfeld. A History of Non-Euclidean Geometry: Evolution of the Concept of a Geometric Space. Springer-Verlag, New York Inc,1988.

[9] B. N. 科士青. 几何基础. 苏步青,译. 北京:商务印书馆,1954:4 – 44.

[10] 陈荩民. 非欧派几何学. 胡文耀,校. 台北:商务印书馆,1935:1 – 44.

[11] F. Klein. Vorlesungen uber die Entwicklung der Mathematik im 19 Jahrhundert. Teil I, Berlin, 1928. (中译本:数学在 19 世纪的发展. 齐民友,译. 北京:高等教育出版社,第一卷,2010;第二卷,2011.)

[12] D. J. Struik. Outline of a History of Differential Geometry. ISIS, 1933,19:92 – 120;ISIS, 1933,20:161 – 191.

[13] D. J. Struik. 数学简史. 关娴,译. 北京:科学出版社,1956.

[14] H. Eves. An Introduction to the History of Mathematics. THE SAUNDERS SERIES. 5/e 1983.

[15] H. Eves. Great Moments in Mathematics. The Mathematics Association of America, 1983. (中译本：数学史上的里程碑. 欧阳绛,等,译. 北京:北京科学技术出版社,1990.)

[16] V. J. Katz. A History of Mathematics：An Introduction（Second Edition）. (中译本:数学史通论. 李文林,等,译. 北京:高等教育出版社,2004.)

[17] 李文林. 数学史概论. 3 版. 北京:高等教育出版社,2012.

[18] E. T. Bell. Men of Mathematics：The Lives and Achievements of the Great Mathematicians from Zeno to Poincaré. (中译本：数学大师. 徐源,译. 上海:上海科技教育出版社,2004.)

[19] T. Hall. Carl Friedrich Gauss：A Biography. 1970. (中译本:高斯:伟大数学家的一生. 田光复,等,译. 3 版. 台北:台湾凡异出版社,1986.)

[20] W. K. Bühler. Gauss：A Biographical Study. Springer – Verlag, New York Inc, 1981.

[21] 袁向东. 高斯//吴文俊. 世界著名数学家传记. 北京:科学出版社,1995: 749–773.

[22] 张祖贵. 高斯//解恩泽,徐本顺. 世界数学家思想方法. 济南:山东教育出版社,1993:690–745.

第 2 章　高斯内蕴微分几何学的渊源

古典的局部微分几何学是研究三维欧氏空间 E^3 的曲线和曲面在一点邻近的性质的科学,它的发展与分析学有着不可分割的联系. 当解析几何正在发展的时候,微分几何学也就开始了,而且这两门学科的发展常常是交织在一起的([1],300 页). 一般认为,微分几何学起源于 17 世纪微积分发现之时,也即起源于微积分在几何学上的应用. 函数与函数的导数的概念实质上等同于曲线与曲线的切线或斜率;函数的积分在几何上则可解释为一曲线下的面积.

意大利科学家伽利略(Galileo Galilei,1564—1642)在 1630 年提出一个分析学的基本问题——一个质点在重力作用下,从一个给定点到不在它垂直下方的另一点,如果不计摩擦力,问沿着什么曲线滑下所需时间最短. 伽利略认为这条曲线是圆,可是这一结论是错误的. 1696 年 6 月,瑞士数学家约翰·伯努利(Johann Bernoulli, 1667—1748)在《教师学报》上再次提出了这个问题向雅各布·伯努利(Jakob Bernoulli, 1654—1705)和其他欧洲数学家挑战以征求解答,这就是有名的最速降线问题(problem of brachistochrone).

次年已有多位数学家得到正确答案,其中包括牛顿、莱布尼茨、洛必达和伯努利家族的成员. 这个问题的正确答案是连接两个点上凹的唯一一段旋轮线. 旋轮线与 1673 年荷兰科学家惠更斯(Christiaan Huygens,1629—1695)讨论的摆线相同. 因为钟表摆锤做一次完全摆动所用的时间相等,所以摆线(旋轮线)又称等时曲线. 数学家十分关注最速降线问题,大数学家欧拉也在 1726 年开始发表有关的论著,在 1744 年最先给出了这类问题的普遍解法,并从这个问题出发发展了同微分几何学有着紧密联系的变分法.

有学者(如 Wilhelm Blaschke, 1885—1962)甚至认为,应把约翰·伯努利提出这一问题作为微分几何学诞生之时([2],52 页). 但是,在 17 世纪,当时的平面曲线、空间曲线及曲面的几何学都是作为微积分的应用来了解的,因而,微分几何学在很大程度上是微积分问题本身的自然产物. 微分几何学真正成为一门独立的数学分支主要是在 18 世纪.

本章,我们首先简要回顾高斯以前的微分几何学的形成和发展的主要方面;然后,再从高斯早年关于几何基础的研究以及大地测量工作中,追溯高斯创立内蕴微分几何学的历史渊源.

2.1 高斯以前的微分几何学

高斯以前的微分几何学按照研究问题的性质,大致上可以分为以下三个方面([1],300—320 页):一是应用微积分研究欧氏平面曲线问题;二是应用微积分研究空间曲线问题;三是应用微积分处理曲面问题.

2.1.1 平面曲线问题研究

这方面的理论,由约翰·伯努利的学生洛必达(L'Hospital,1661—1704)在牛顿(I. Newton,1643—1727)于 1671 年关于曲率中心和密切圆的工作、约翰·伯努利于 1691 年关于包络的工作,以及莱布尼茨(G. W. Leibniz,1646—1716)在 1692 年和 1694 年关于求一族曲线的包络的普遍方法的工作的基础之上,于 1696 年编写的教科书《无穷小分析》(L'Analyse des infiniment petits)中完成,并传播了平面曲线的理论.

2.1.2 空间曲线问题研究

法国数学家克莱洛(Alexis-Claude Clairaut,1713—1765)开创了空间曲线理论的先河. 1731 年他发表了《关于双重曲率曲线的研究》(Recherche sur les courbes a double courbure),该书写于 1729 年,那时他只有 16 岁. 在该书中他解析地论述了曲面和空间曲线的基本问题,称空间曲线为"双曲率曲线",研究了双曲率曲线的切线、空间曲线弧长的表达式以及某些曲面面积的求积公式等.

空间曲线的理论,后来由欧拉(Leonard Euler,1707—1783)加以发展,他在从 1736 年的《力学》至 1765 年的《固体和刚体的运动理论》中,把曲线和曲面理论进一步应用于力学之中,建立了扭曲线理论(1775). 欧拉用参数方程

$$x = x(s), \quad y = y(s), \quad z = z(s)$$

表示空间曲线,其中 s 是弧长. 欧拉从参数方程得到

$$\mathrm{d}x = p\mathrm{d}s, \quad \mathrm{d}y = q\mathrm{d}s, \quad \mathrm{d}z = r\mathrm{d}s,$$

其中 p,q,r 都是逐点变化的方向余弦,且要求 $p^2 + q^2 + r^2 = 1$,而自变

量的微分 ds ,他是作为常量看待的.

为了研究空间曲线的性质,欧拉引进了球面指标线、密切平面等概念和双曲率曲线的一个曲率的标准形式.

1826 年,柯西(Augustin-Louis Cauchy,1789—1851)在著名的《无穷小计算在几何上的应用教程》(Lecons sur les applications du calcul infinitesimal a la geometrie)中改进了概念的陈述,而且澄清了空间曲线理论中的许多问题,用现代的观点发展曲线的几何理论.

塞雷特(Joseph Alfred Serret,1819—1885)和弗雷内(Frederic-Jean Frenet,1816—1900) 分别于 1851 年和 1852 年,给出了求空间曲线的切线、次法线和法线的方向余弦的导数公式,这就是空间曲线的塞雷特－弗雷内公式. 我们知道,曲线的每一点都有确定的曲率和挠率,如果以弧长 s 为参数,则有曲率和挠率关于弧长参数 s 的自然方程:$\kappa = \kappa(s), \tau = \tau(s)$,这两个方程只与曲线本身有关,也就是说,曲率和挠率的意义在于它们是空间曲线的两个根本的性质,作为曲线弧长的函数的曲率和挠率给定之后,除了曲线在空间的位置差别外,曲线就完全被决定了,这就是空间曲线论的基本定理,这一定理在塞雷特－弗雷内公式的基础上很容易得到证明. 因此,塞雷特和弗雷内的工作使得曲线的理论趋于完善.

2.1.3 曲面问题研究

曲面理论是从曲面(主要是地球表面)上的测地线的研究开始的. 在 1697 年的《博学者杂志》(Journal des Scavans)中,约翰·伯努利提出了在一凸曲面上求两点间最短弧的问题. 1728 年,欧拉给出了曲面测地线的微分方程. 1732 年 Jacob Hermann(1678—1733)也求出了一些特殊曲面上的测地线. 克莱洛在 1733 年和 1739 年关于地球形状的著作中更充分地讨论了旋转面上的测地线. 1760 年,欧拉在《关于曲面上曲线的研究》(Recherches sur la courbure des surfaces)中引入主法向截面、主曲率和欧拉定理等重要概念和定理,建立了曲面的理论,从而成为微分几何学发展史中的里程碑.

曲面论的一个主要方面是由于绘制地图的需要而发展起来的,这就是研究可展曲面. 欧拉 1772 年的论文《论表面可以展平的立体》(De Solidis Quorum Superficiem in Planum Explicare Licet),开创了可展曲面研究的新方向. 正是在这篇论文中,他引进了曲面的参数表示的概念,即曲面上任一点的坐标 (x,y,z) 可以用两个参数 u 和 v 表示,因而曲面的方程可以这样给出:

$$x = x(u,v), \quad y = y(u,v), \quad z = z(u,v)$$

并且寻求:要使曲面可以展开在平面上,这些函数必须满足什么样的条件? 最后,欧拉得到了可展曲面的分析形式的充要条件. 我们知道,高斯的出发点正是运用曲面的参数表示来对曲面做系统的研究.

在高斯之前的微分几何学发展史上,另一位最重要的人物是法国数学家蒙日(Gaspard Monge,1746—1818). 他在微分几何学方面最重要的工作是《画法几何学》(1799)和《关于把分析应用于几何的活页论文》(Feuilles d'analyse appliqué a la geometrie,1795;1801 年第二版). 后一本著作的第三版于 1805 年出版,书名改为《分析在几何学中的应用》,他把几何与分析的方法联系起来,引入了三维空间中曲面的曲率线的概念,并且研究了可展曲面,以及与之相关的包络理论. 此外,他对偏微分方程理论作出了几何学的解释;反过来,他又用偏微分方程的语言来解释几何学事实,从而发展了偏微分方程中特殊曲面的理论,成为微分几何学研究的革新者.

1813 年,蒙日的学生杜邦(Pierre Charles François Dupin,1784—1873)出版了《几何学的发展》(Développments de géométrie),给出了杜邦指标线等重要理论.

从上述领域的研究,到曲面的内蕴微分几何学这一崭新思想的产生,其间经历了一个多世纪的时间,其标志就是 1827 年高斯的《关于曲面的一般研究》.

2.2 高斯内蕴微分几何学的起源

历史上任何伟大的思想,都是在吸收和批判地继承前人的理论成果的基础上产生的,高斯的内蕴微分几何学思想的产生当然也不例外. 我们知道,从解析几何与微积分的诞生到它们的发展的整个过程,微分几何学就已经开始了. 特别是经过欧拉奠基并由蒙日扩展的曲面理论,成为高斯内蕴微分几何学的重要思想源泉. 另外,我们知道,几何学的研究涉及空间的性质,因而关于空间的哲学也同样深深地影响着数学家的世界观和方法论. 18 世纪末 19 世纪初的德国,占统治地位的哲学思想是康德(Immanuel Kant,1724—1804)的哲学. 康德关于空间的哲学认为欧氏几何是物质空间的唯一形式. 同时,传统数学思想也认为欧几里得的平行公理可以从其他更可信的假设之中推导出来,并且这种努力从欧几里得时代开始到 18 世纪从来没有停止过.

高斯正是在批判传统数学思想的基础上,特别是在对于康德空间哲学的批判的基础上,实现了空间观念的彻底变革,发现了不同于欧几里得空间的几何学——非欧几何学. 而高斯在大地测量方面的实际工作,一方面导致了高斯内蕴微分几何学的诞生,另一方面又印证了他的非欧几何学研究. 下面我们分两个方面来探讨高斯内蕴微分几何学思想的渊源.

2.2.1 几何基础的研究与空间观念的变革

高斯在几何学方面的贡献,最重要的是实现了 19 世纪最富有革命精神的两项几何学创造:非欧几何学和内蕴微分几何学.

然而,高斯的这两项重大创造的思想渊源,一方面可追溯到高斯早年在几何学基础方面的持续的兴趣(他在这方面的兴趣几乎集中于欧几里得平行公理的独立性的证明,用他自己的话说就是"寻求真理",这一年是 1792 年,高斯只有 15 岁);另一方面则主要源于他在大地测量方面十年的工作(1818—1828).

我们首先考察高斯在几何基础方面的研究,以及高斯最终实现其空间观念的变革的历程. 对于这个问题的考察,我们不得不回到欧几里得的几何学.

我们知道,欧几里得(约前 330—前 275)系统地研究了他所处的时代以及前人关于直线、平面、圆和球的几何性质以及数论等方面的知识,并用公理化的方法将前人的理论总结为《几何原本》. 其中有两个最重要的定理:

毕达哥拉斯定理(勾股定理);

任意三角形的内角之和等于 $180°$ 的定理.

在几何学发展的历史上,这两个定理的意义可以说是最为本质的. 从现代几何学的观点来看([3]),我们知道:毕达哥拉斯定理(勾股定理)之本质乃是几何空间的度量性质,而度量性质可以说是展开所有可能的几何学的基本假设前提,迄今为止,在大部分有意义的几何空间中,都要求这条定理在无穷小的情形下成立;而三角形内角和等于 $180°$ 的定理,本质上是说平面是平坦的而不具有曲率,也就是说,这条定理所体现的本质乃是空间是否"弯曲"的性质.

1794 年,法国数学家勒让德(A. M. Legendre,1752—1833)首先指出:三角形的内角和等于 $180°$ 的定理等价于欧氏几何的第五公设(即平行公理).

在几何学的历史发展过程中,如何从平行公理的研究最终导致非欧几何学的诞生,从推广几何空间的度量性质(勾股定理)最终导致高斯的内蕴微分几何学的创立,以及后来的黎曼几何学的产生,并最终成为 20 世纪最伟大的成果——广义相对论——的数学基础,这是数学史研究的一个非常有趣及有意义的事情. 我们可以毫不夸张地说,上述两个定理发展的历史,就是一部几何学发展的历史,也是一部人类文明的进化史.

关于平行公理的研究,可以说从欧几里得的《几何原本》诞生以来就开始了,历经两千余年,并最终导致非欧几何学的诞生. 数学史上一般把非欧几何学的历史分为三个大的时期,即平行公理的试证时代(17 世纪以前)、非欧几何学的胚胎时期(18 世纪)、非欧几何学的诞生时代(18 世纪末开始到 19 世纪). 而非欧几何学诞生的标志则是高斯、罗巴切夫斯基和鲍耶用综合几何学的方法发现双曲几何学.

高斯从 12 岁起,就对欧几里得几何学心存疑虑. 15 至 16 岁时他的思考逐渐深入,并已经有了非欧几何学的思想. 高斯在这方面的研究以及后面我们将要考察的大地测量方面的工作,涉及一个共同的理论基础,那就是三角几何学(欧几里得的三角几何学、球面三角几何学、双曲三角几何学以及曲面的三角几何学),特别是关于一个三角形或多边形的内角和定理. 高斯关于这些问题的第一个深刻思想发生在 1794 年(这一年高斯 17 岁). 我们可以从高斯于 1846 年 10 月给格宁的信中看到这一记录:

> "施韦卡特先生向你提到的定理,即在任何的几何中,一个多边形之外角和在数量上不等于 360°,⋯⋯而是成比例于曲面的面积,这几乎是这一理论之开端的第一个重要定理,这个定理的必要性我已于 1794 年认识到了."([4])

实际上,这就是后来所称的高斯 – 博内定理,它是非欧几何学的重要定理. 当然,高斯在此讨论的是双曲三角几何学的情形. 在球面三角几何学的情形,角之盈余的这一定理在那时已经被普遍地认识到.

高斯的非欧几何学思想主要来源于他用纯粹思辨对传统数学思想的批判. 他完全意识到,除欧氏几何学之外,还存在一个逻辑相容而无矛盾的几何学系统,在其中,欧氏几何学的平行公理不成立,因而证明平行公理的努力是徒劳的. 1816 年,高斯给舒马赫的信上写着:

> "在数学的范畴里有几个问题,如同《几何原本》的缺陷这一类,尽管写过这么多,但是我们仍旧要率直地承认两千年来我们并没有走得比欧几里得远些. 这样地坦白而直率的承认比

掩蔽缺点的无谓欲望是更对应于科学精神的."(转引自[5],
36 页)

在 1817 年给奥伯斯(Heinrich Olbers, 1758—1840)的信上,高斯更肯定
地写着:

"我愈来愈深信我们不能证明我们的几何(欧氏几何)具有
(物理的)必然性,至少对于人类理智来说,是人类理智所不
能证明的.或许在另一个世界中,我们能洞察空间的性质,而
现在这是不能达到的.同时我们不能把几何与算术相提并论,
因为算术是纯粹先验的,而几何却可以和力学相提并论."
([6])

另一方面,高斯的非欧几何学思想则来自于对康德的空间哲学观念的
批判和变革.以往,人们被康德的哲学教条所束缚,认为欧氏几何是空
间的唯一形式.同时,深受传统数学思想的影响,人们认为可以从其他
更可信的假设之中推导出平行公理.开始时,高斯也有些动摇,甚至在
1799 年还与传统思想藕断丝连.因为在 1799 年,高斯仍然试图从其他
更可信的假设之中推导欧几里得平行公理,他仍认为欧几里得几何是
物质空间的几何([7]).

然而,高斯早年对天文学的研究,特别是他关于谷神星之星历表的
计算以及谷神星的发现,对高斯空间哲学观念的变革起了决定性的作
用.从 1801 年 11 月 25 日至 12 月 31 日期间,谷神星果然在高斯计算
出的位置上被找到,并且依照高斯所计算出的星历表移动.这件事对高
斯的震动很大,而对于与高斯同时代的德国著名哲学家黑格尔(G. W.
F. Hegel, 1770—1831)及其哲学来说,其打击可以说是致命的.因为黑
格尔曾经在他的一部哲学著作中,用讽刺的语言攻击天文学家对第八
颗行星的研究与寻找,并说什么天文学家如果把一部分注意力放在哲
学方面的话,那么他们会立刻发现应该不多也不少正好是七颗行星.

1844 年 11 月 1 日,高斯写信给他的朋友舒马赫说:

"你在当代哲学家谢林(Schelling)、黑格尔、内斯·冯·埃森
贝克(Nees von Essenbeck)和他们的追随者身上看到同样的
东西(数学上的无能);他们的理论怎能不使你毛骨悚然?读
读古代哲学史,过去的那些伟大人物——柏拉图等——都提
出了一些错误的理论.甚至康德本人也不怎么样.照我看来,

他对分析命题与综合命题的区分,也只不过是一些过时的东
西罢了."(转引自[8],290 页)

康德关于数学真理的先天性的分析,主要是以空间和欧氏几何学
为基础的,在当时的哲学界、数学界都被奉为真理,在 19 世纪上半叶,
能够对其提出真正批判的只有高斯. 高斯的上述书信虽然写于 1844
年,但高斯早已有了非欧几何学的丰富内容和思想,而这本身就足以驳
斥康德关于"空间"、几何学方面的"先天综合判断". 可见,高斯关于空
间观念的变革是与其关于几何基础的研究以及对于康德的空间哲学观
念的批判密不可分的.

2.2.2 大地测量与地图绘制

精确的大地测量最早开始于 17 世纪和 18 世纪,当时纯粹是由于
探求地球之形状而激起的纯科学兴趣所致([9],13 页). 而在这些问题
中最重要的就是通过实际的地理测量来确定地球的形状究竟是扁平的
还是一个拉长的椭球体.

大地测量学——Geodesy 这个词,源于希腊,意即土地之分割. 但很
久以前,它已变成一门科学的名称——测地学,即测地,度量土地之形
状、大小之学问. 更广义地说,即观察地球,度量地球,绘制地图、海图.

直到 1815 年前后,中欧各重要国家出于经济和军事目的,纷纷开
始大规模的大地测量. 1816 年,舒马赫应丹麦政府之邀请,测绘全丹
麦的地理形状,他请高斯协助. 在一系列准备之后,高斯于 1816 年正式同
意将丹麦的测地工作向南延伸,并开始参加艰苦的夏季野外测绘,冬季
则对所获数据进行分析整理. 1820 年,汉诺威政府正式批准高斯对汉
诺威全境做地理测量的计划,任命高斯为实施计划的负责人.

高斯全力关注大地测量的十年(1818—1828),是他创造活动的又
一个高峰时期.

首先,在测量技术方面,为了提高测量精度,高斯发明了"日光反射
信号器"(Heliotrope,1820)和光度计. 日光反射信号器的原理如同小
孩用镜子反射太阳光以照射远方的东西一样,最重要的是有一面能旋
转的镜子,配上一个简单而巧妙的光学仪器之后,人们便能熟练地操作
它,使得日光永远朝着一个固定方向反射. 在三角测量中,它既可以当
发光的测量目标,又可以当作电报一样来传递信息. 这是高斯的一项重
要的发明. 高斯曾设想,假设大气层足够清澈,则我们观测的三角形,其
边长应该是没有界限才对,除非被地球表面的曲率所限. 高斯之所以想

测量巨大的三角形,其用意恐怕不单是为了实用的价值,而是与他正在研究的非欧几何学有关([10],85 页).

其次,在测量方法和测量理论方面,一般认为([9],14 页;[11],97 页),在汉诺威大地测量工作的十年,高斯最重要的两大理论成果,一是 1828 年的《利用 Ramsden 观测图决定哥廷根与阿唐那两天文台间之经差》(Bestimmung des Breiternunterschieds zwischen den Sternwarten von Goettingen und Altona durch Beobachtungen am Ramsdenschen Zenithsektor);二是完成于 1843 年和 1846 年的《关于高等测量学的研究》(Untersuchungen uber Gegenstande der Hoheren Geodasie) I 和 II.

但是,如果我们把高斯的大地测量工作和他的内蕴微分几何学的创立联系在一起并加以考察,我们发现高斯在大地测量工作中,有一系列的重要创造对后来的内蕴微分几何学的创立产生了重要而深远的影响,我们从以下两个方面进行分析:

(1) 汉诺威之三角化

用三角形方法进行大地测量并绘制地图,可谓古已有之. 而高斯则将这种方法用于汉诺威之大地测量,并发展出一整套的关于测地学的理论和方法. 高斯的方法是这样的,假设在地球表面上有相距甚远的两点 A、B,我们可以按图 2 – 1 的方法来确定 A、B 两点的距离.

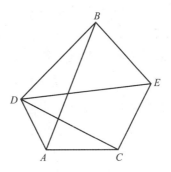

图 2 – 1　决定相距甚远的两点 A、B 的距离

首先取定适当的底线 AC,并量取其长;接着于 A、C 两处各置一量角仪,一般叫做经纬仪(theodolite);从 A、C 两点我们看一定点 D,D 必须是高耸突出的目标,如山顶或塔顶之类的;然后我们量 $\angle DAC$ 和 $\angle ACD$,利用三角定律,$\triangle ACD$ 各边、各角均可以求出了. 今再以 DC 为新底线,看另一定点 E,利用与上面同样的方法,以确定 $\triangle CDE$ 之各边、各角. 最后再以 DE 为底线看 B 点,而得 $\triangle DEB$. 在 $\triangle ABD$ 中,$\angle ADB$ 可以用加法求得,两边 DB、DA 也已经求得,因此 AB 也就可以算出来了.

A、B 两点之间是由一些直线段组成的多边形连接而成,如图之 $DACEB$ 即为一五边形. 这些折线 $ACEB$ 或 ADB 叫做多边形之边线. 理论上,我们可以在整个的视野平面上铺下一大堆的三角形,换句话说,盖上一片片由三角形织成的网.

这种测量远距离以及绘制地图的方法叫做三角测量(triangle measurement)或三角化(triangulation) ,如图 2 - 2 所示.

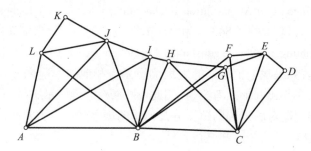

图 2 - 2 汉诺威之三角化

利用天象观测,我们可以先定地球的正北极点与正南极点之所在,然后确定 A、B 两点之间所张开之经度,即 A、B 与北极(或南极)之夹角. 假若 A、B 两点落在同一条子午线(即经线)上,并且假定地球是一个圆球,则我们可以利用已知的一些度量和简单的比例法,测出地球的经纬圆之全弧长.

假设地球是一个真正的球形,则同一条经线上之两点 A、B,若其纬度相差 1°,则不管 $\overgroup{AB}$ 向南或向北移动,$\overgroup{AB}$ 的长度应该保持不变. 但是,据说历史上第一次测量这件事时,发现南北有所不同. 那时的人们因而得出结论说:地球应该像个竖立的柠檬(或鸡蛋),两极较为突出一些. 然而,根据牛顿的重力理论,推论到地球自转运动上,却得到相反的结果. 也就是说,地球应该像番茄的形状一样,两极处应该比较扁平些.

在 18 世纪,不管是用大比例尺或小比例尺画地图,在技术上与理论上都是问题重重. 高斯自然很早就注意到这个问题. 1799 年,普鲁士的一位上校在测绘西伐利亚的地图时,就向高斯请教过三角化理论方面的问题. 从 1800 年间高斯来往的信件中,可以看出当时高斯在这方面已经有非常丰富的想法,例如,测地三角法、球极平面投影(即将南北极圈扯开,并沿某一经线剪开,则靠南、北极圈之岛屿土地虽然变得太庞大,可是好处是每一条垂直线都是指向南北).

高斯的这些想法后来被加以发展,历史表明,高斯可以说是世界上最先进的测地专家. 1800 年至 1815 年之间, 高斯常常带着他的六分仪到田野去测量.

高斯在哥廷根当教授时, 他的一位学生和朋友舒马赫应丹麦政府的请求, 测量丹麦全境的地理形状. 1816 年 6 月, 舒马赫请高斯帮忙, 计划测绘之事, 并请高斯负责南部的测绘工作, 这个工作使高斯又成为一位真正实用的测地专家.

当时有一个问题叫 geoid, 即决定地球之真正的形状, 并从理论上找出一个最接近我们的地球形状的椭圆球. 高斯认为, 舒马赫所打算实施的测绘计划, 得到的结果一定会给 geoid 问题一个"漂亮的答案", 而且这项计划与当时的另一个伟大计划(即测量纬度相差 15° 的子午线的全长)相合, 该子午线正好经过北方的日德兰半岛(Jutland)(丹麦)到厄尔巴岛(Elba)(意大利与科西嘉之间).

1820 年, 高斯得到一大笔资金, 用来测量汉诺威(故高斯的这一测量方法又名汉诺威之三角化). 1821 年至 1823 年间, 高斯的测绘队开始在哥廷根南以及阿唐那北之间(相距约 120 km)进行一连串折线式的测量. 1823 年以后两年间, 这折线又延长到耶弗尔(Jever)和法勒尔(Varel)以西. 这延长出来的计划是高斯建议的, 因为这样可以使德国的测地网接上荷兰的测地网, 也就接上了法国的测地网.

大地测量工作是异常艰辛的, 高斯每年都要写一个工作总结报告, 这些报告收集后于 1828 年出版, 题名为《利用 Ramsden 观测图决定哥廷根与阿唐那两天文台间之经差》. 这就是前文所提到的高斯的两大理论成果之一.

(2) 保形映射理论

高斯 1816 年开始参与大地测量和地图绘制工作, 这引起他对微分几何学的兴趣. 这些工作促成了他在微分几何学方面的最重要的两项理论成果: 第一个重大的成果就是于 1822 年解决了丹麦哥本哈根科学院设奖征答的建立地图格网的难题, 高斯以《将给定凸曲面投影到另一给定曲面而使最小部分保持相似的一般方法》(Allgemeine Auflosung der Aufgabe die Theile einer gegebenen Flache so abzubilden, dass die Abbildung dem Abgebildeten in den kleinsten Theilen ahnlich wird, 1825 年出版)于 1823 年获头奖(下称该文为"获奖论文"); 另一成果就是 1827 年写成的《关于曲面的一般研究》, 这是高斯积十多年思考测地问题所得之精粹, 提出了内蕴微分几何学的新概念, 成为此后长达一个多世纪微分几何学研究的源泉(关于这一问题, 我们将在后面专章研究).

这里, 我们首先分析高斯 1822 年 12 月完成的获奖论文对内蕴微分几何学的创立的影响.

正如 M. 克莱因所指出的那样,"高斯的出发点是运用这个参数表示来对曲面做系统的研究"([7],302 页),高斯在他的获奖论文开篇的第一节首先阐述了这种参数表示的思想([12],193 页及附录 1):

> 曲面的性质由联系曲面上每一点的坐标 x, y, z 的一个方程所确定. 作为这个方程的一个结果,这三个变量中的每一个可以看成另外两个变量的函数. 一般地,引进两个新的变量 t, u,并且将每一个变量 x, y, z 表示为 t 和 u 的函数. 那么,至少在一般意义上,用这种方法所表示的 t 和 u 的确定的值是和曲面上一个固定的点相联系的,反之亦然.

高斯从这里出发,引出了坐标函数的微分、弧长元素,并得到了他所要解决的问题的分析表达公式——保形表示的分析条件以及特殊情形下的一曲面可展到另一曲面的分析条件([12],§4 及附录 1).

在接下来的 §5 中,高斯又从现在所称的曲面的第一基本形式出发,利用积分法得到了"将给定凸曲面投影到另一给定曲面而使最小部分保持相似的一般方法"的分析条件……

另外,我们可以看出,获奖论文中所用的无穷小分析方法在高斯的曲面论工作中起到了很重要的作用,这一方法后来被黎曼所继承和发展. 当然这种分析方法可以一直上溯到 1777 年欧拉(L. Euler,1736—1813)发表的球面在平面上的保形映射著作和 1779 年拉格朗日(J. L. Lagrange,1736—1813)创立的旋转曲面在平面上的保形映射理论([13]).

高斯在 1822 年完成的这篇获奖论文,在数学史上首次对保形映射做了一般的论述,建立了等距映射的雏形,为内蕴微分几何学的创立奠定了基础(关于这一问题,我们后面将要详细研究).

2.3 小结

以上我们简要回顾了高斯以前的微分几何学的形成和发展的主要方面,并从高斯早年关于几何基础问题的研究以及高斯在大地测量方面的工作中追溯高斯创立内蕴微分几何学的历史渊源. 当我们全面地分析与研究高斯在汉诺威大地测量工作中所完成的重要成果,可以知道在这一时期,高斯已经发现或具有了内蕴微分几何学的一些重要概念和思想,其中最主要的有如下结果:

高斯的工作或测量技术	时间	相应的内蕴微分几何学的概念和思想
汉诺威之三角化	1818—1828 年	曲面的弧长元素（线元素）、测地线等
哥本哈根科学院获奖论文	完成于 1822 年	曲面的参数表示、弧长元素（线元素）、线元素之间的夹角、高斯映射、保形表示、可展曲面、曲面的第一基本形式等
高等测量学研究	完成于 1843 年和 1846 年	保形映射、大测地三角形等

  正如巴格拉图尼在其著名的《卡·弗·高斯——大地测量研究简述》中所指出的那样，"汉诺威弧度测量也是高斯另一项著作的基础，无论对微分几何学或是对大地测量学都具有非常重大的意义（[13]，23 页）"．这里所指的另一项著作，就是高斯的《关于曲面的一般研究》．

  从上面的分析，我们至少可以得到如下的认识：高斯对几何基础问题的深入思考和研究，特别是对传统的空间哲学观念的批判，实现了空间观念的变革，并导致高斯的关于"弯曲"空间的思想；高斯对空间曲线和曲面理论的继承是他创立内蕴微分几何学的理论基础；而他在大地测量工作中的实践，则是他创立内蕴微分几何学的直接的现实源泉．

参考文献

[1] 莫里斯·克莱因. 古今数学思想(第二册). 上海：上海科学技术出版社,2002.

[2] W. 柏拉须开. 微分几何学引论. 方德值,译. 北京：科学出版社,1963.

[3] 丘成桐. 时空的历史. 中国数学会通讯,2005(4):10－22.

[4] C. F. Gauss. Werke Ⅷ. Gottingen, 1900:266.

[5] B. N. 科士青. 几何基础. 苏步青,译. 北京：商务印书馆,1954.

[6] C. F. Gauss. Werke Ⅷ. Gottingen, 1900:177.

[7] 莫里斯·克莱因. 古今数学思想(第三册). 上海：上海科学技术出版社, 2002:288.

[8] E. T. Bell. Men of Mathematics：The Lives and Achievements of the Great Mathematicians from Zeno to Poincaré. (中译本：数学大师. 徐源,译. 上海：上海科技教育出版社,2004.)

[9] F. Klein. Vorlesungen uber die Entwicklung der Mathematik im 19 Jahrhundert. Teil
I, Berlin, 1928.

[10] T. Hall. Carl Friedrich Gauss：A Biography. 1970.（中译本：高斯：伟大数学家的
一生. 田光复,等,译. 3 版. 台北:台湾凡异出版社,1986.）

[11] W. K. Bühler. Gauss：A Biographical Study. Springer-Verlag, New York
Inc, 1981.

[12] C. F. Gauss. Werke Ⅳ. Gottingen, 1880;192 – 216.

[13] Þ. Ð. 巴格拉图尼. 卡·弗·高斯:大地测量研究简述. 许厚泽,王广运,译. 北
京:测绘出版社,1957.

第 3 章　高斯的非欧几何学研究

众所周知,高斯生前没有公开发表关于非欧几何学研究方面的论文,因此,后人只能从高斯的通信、笔记以及他的未发表的论文中,寻找他发现非欧几何学的思想轨迹. 这方面的最重要的原始文献是《高斯全集》中的有关史料.

本章试图把高斯的非欧几何学研究置于他所创立的内蕴微分几何学思想的背景之下,并加以比较考察. 为此,我们将回顾非欧几何学产生的历史背景,特别地,对高斯关于平行线的理论予以重点考察,并试图揭示出高斯的非欧几何研究的核心问题. 这样,也许我们将会更清楚地看出高斯创立的内蕴微分几何学与他的非欧几何研究之间的内在联系和思想轨迹.

3.1　背景

19 世纪 20 年代,非欧几何学的发现被誉为数学史上的里程碑([1]),而俄国数学家罗巴切夫斯基则被誉为"几何学中的哥白尼"([2]).

非欧几何学的历史可以一直追溯到欧几里得时代. 我们知道,欧几里得收集了他所处时代的几何知识,系统地研究了有关直线、平面、圆和球的几何性质,并写成《几何原本》.

欧几里得从一些基本的定义、公设、公理出发,一个个地导出各式各样的定理. 他的目标是要得到一个纯粹用逻辑而不必借助几何图形的证明方法.

两千年来,《几何原本》的表现方法已成为逻辑演绎的典范. 人们认为无论就逻辑或经验而言,只有欧氏系统是正确的,只有它是几何唯一可能的基础. 但是它有一个弱点,那就是——**欧几里得第五公设**:

一条直线与其他两直线相交后,假设其同侧的两内角和小于两直角,则沿此侧延长此两直线,它们必定在某处相交.

现代常用的替代公设是**普莱菲尔**(J. Playfair, 1748—1819)**公设**:

过已知直线外的一点,有且仅有一条直线与已知直线平行.

因此,第五公设也称"平行公理".

然而,这条公理的经验基础是什么? 本质而言,它是不存在的. 长久以来,人们一直相信平行公理更像是一个多余的公理. 因此,人们一直努力地去证明它,从而使其成为定理,但是,两千年来的努力都失败了.

下面是一些尝试用欧氏其他公理去证明平行公理的人:

托勒玫(Ptolemy,约 90—168), 普洛克鲁斯(Proclus,411—485), 纳西尔 · 丁(Nasir al din al Tusi, 1201—1274), Levi ben Gerson (1288—1344), Cataldi (1548—1626), Giovanni Alfonso Borelli (1608—1679), Giordano Vitale (1633—1711), 沃利斯(John Wallis, 1616—1703), 萨凯里(Gerolamo Saccheri, 1667—1733), 兰伯特(Johann Heinrich Lambert, 1728—1777), 勒让德(Adrien Marie Legendre, 1752—1833).

现在,我们能够证明:一方面,在欧氏几何里,平行公理不能从其他的欧氏几何公理导为定理;另一方面,也已经证明平行公理可以和欧几里得几何的其他某些列为定理的命题相交换,把平行公理证明为定理,而整个几何仍然为欧几里得几何.

一个最著名的与平行公理等价的命题是:三角形内角和等于 $180°$. 勒让德于 1794 年首先指出该命题与欧氏几何的第五公设即平行公理的等价性. 我们知道,如果我们选择命题"三角形内角和等于 $180°$"来替代平行公理,则平行公理就变成一个定理,并且和其他定理的地位相同,而且除了这个交换以外,没有其他影响.

实际上,平行公理正是欧氏几何特别的地方. 当我们把问题倒过来看,这个现象就会逐渐清楚起来. 我们可以问:如果我们不要平行公理或任何和它等价的公理,换一个,例如说三角形内角和小于 $180°$ 的公理,那么新的几何会是什么样子? 这是一个非常深刻的问题,对它的探求导致了非欧几何学的诞生.

3.2 高斯以前的非欧几何学研究

两千年来欧几里得第五公设试证的失败,使许多数学家怀疑这个问题解答的可能性. 开始提出这样的问题:一般证明欧几里得第五公设可能吗? 从绝对几何能逻辑地导出它吗? 欧几里得把这个命题取作假设是正确的吗?

有远见的数学家也曾经提出更深刻的问题,即如果第五公设逻辑上不能从绝对几何得出的话,那么,不把这个公设看作真的而是把它换作相反的假设之后,我们会得到怎样的结论呢?

这样的问题首先为萨凯里(G. Saccheri, 1667—1733)、兰伯特(J. H. Lambert, 1728—1777)、施韦卡特(F. K. Schweikart, 1780—1854)、陶里努斯(F. A. Taurinus, 1794—1874)所提出,所以他们可以称为非欧几何的先驱者. 但是,非欧几何的真正创立者应该是高斯、鲍耶、罗巴切夫斯基这三位天才数学家! 他们相互独立地发现了非欧几何. 最完全地发展并且最先出版自己研究成果的是伟大的俄国数学家罗巴切夫斯基,所以我们通常称这种非欧几何为罗巴切夫斯基几何.

首先,我们简要地论述非欧几何的先驱者在非欧几何学研究中所做的工作.

(1) 萨凯里

1733 年,意大利数学家萨凯里发表了《排除任何谬误的欧几里得》(Euclides ab omni naevo vindicatus)的著作. 在这部著作里,萨凯里并不否认第五公设,而是选定《几何原本》第一卷最初 26 个命题作为自己论证的基础(绝对几何的命题). 萨凯里研究底边 AB 上的两角都是直角且侧边 BC 和 AD 相等的四边形(图 3 – 1).

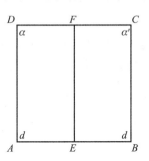

图 3 – 1　萨凯里四边形

首先,他证明这样的四边形的中线 EF 垂直于双方底边并且上底边上的角 α 和 α' 相等. 其次,他提出三个假设:(1)$\alpha > d$,即钝角假设;(2)$\alpha = d$,即直角假设;(3)$\alpha < d$,即锐角假设. 他很快地反驳了钝角假设,因为他证明这一定会引起矛盾. 直角假设是说明了矩形的存在,而从此便可导引第五公设的证明. 因而,为要证明第五公设,萨凯里不得不反驳第三个假设,即锐角假设. 萨凯里做"归谬"的论证,力求做成这点. 他采取这个假设且竭力想从它获得矛盾的推论. 萨凯里从锐角假设获得整串的命题,而其中没有一个与绝对几何冲突. 最后,萨凯里在自

己的第 33 命题发觉了这样的"矛盾的"推论:

如果锐角假设是对的,那么在平面上存在两直线 l_1 和 l_2,它们在一方向无限地相互接近且在相反的方向无限地分开,如图 3-2 所示.

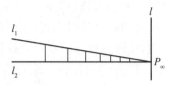

图 3-2 两直线 l_1 和 l_2 在无限远点 P_∞ 将有共同的垂线 l

由此萨凯里作出结论:这两直线在无限远点 P_∞ 将有共同的垂线 l,因为这是不可能的,所以锐角假设是不对的.

萨凯里的错误在于,他没有什么根据把有限图形的性质扩大到无限的范围去. 因此,以归谬法力求证明第五公设的结果,萨凯里从自己的命题导出整串的结论,且事实上他已经获得新几何的结论. 但是,他不明了这一点,甚至认为太不合常理,从而认为得出了矛盾. 然而,如所周知,萨凯里所导出的这些命题后来都进入了无矛盾的罗巴切夫斯基几何学体系. 可以说,他已经走到了非欧几何的门口.

(2) 兰伯特

瑞士几何学家兰伯特在他的著作《平行线理论》(1766)中,研究了具有三直角 A、B、D 的四边形 $ABCD$(萨凯里四边形的一半),如图 3-3 所示.

图 3-3 兰伯特四边形

关于第四角 α,他同样地研究了三个假设:(1) $\alpha > d$;(2) $\alpha = d$;(3) $\alpha < d$. 他反驳第一个假设,而从第二个假设导出欧几里得的公设的证明. 在发展第三个假设的时候,兰伯特与萨凯里一样,没有得出矛盾的结论. 看来,他并没有把这个假设看作无条件虚伪的,而在各场合都

理解到他不能推翻它. 兰伯特与萨凯里一样,从第三个假设获得推论,事实上他奠定了新几何的基础.

例如,他证明在这个几何里,任何 $\triangle ABC$ 的内角之和小于二直角,即 $A+B+C<\pi$,且发现三角形的面积与三角形的"角度亏量" $\delta=\pi-A-B-C$ 成比例:

$$S=\rho^2(\pi-A-B-C),$$

这里,ρ 是某一常数(注意到,这一结论实际上是我们今天所说的高斯-博内定理的特例,后文将要重点论述).

兰伯特提出了具有远见的意见,他说:"我几乎不得不作出结论,就是第三个假设在虚球上有其应用." 我们知道,罗巴切夫斯基几何里关于三角形的一些三角公式是从球面三角形的三角公式得来的,只要形式上用 ρi 替换球的半径 ρ,这里 $i=\sqrt{-1}$. 在球半径为 r 的球面上,$\triangle ABC$ 的面积是用公式

$$S=r^2(A+B+C-\pi)$$

所表示的. 所以我们说,兰伯特很可能是比较了自己发现的面积与球面三角形的面积而得到他的结论.

从这里我们可以看到,在新几何的发展中,兰伯特并没有做本质的推动.

(3) 施韦卡特

施韦卡特是马德堡的法律教授,业余时间研究数学,于1818年通晓新几何的元素,他将新几何命名为星形几何,1818年他寄给高斯的短文可以证实这一点. 施韦卡特说:"存在两类几何,狭义的几何即欧几里得几何和星形几何. 在后一个里面,三角形有一个特点,就是三角形内角之和不等于二直角……",并且,施韦卡特还叙述新几何的一些事实.

施韦卡特未曾出版自己的研究成果,在1807年的一份备忘录里,施韦卡特引证兰伯特和萨凯里的著作,表明他的几何思想的发生大概与兰伯特和萨凯里的工作不无关系.

(4) 陶里努斯

德国数学家陶里努斯是施韦卡特的外甥,在施韦卡特的影响下,曾经从事星形几何的研究. 他于1825年出版的著作《平行线论》,内容包括萨凯里的钝角假设的反驳和由锐角假设所导出的研究. 在1826年的另外一部著作中,他表明如何用纯粹形式的分析方法创造从锐角假设所导出的几何. 他在球面几何的公式里假定球半径 r 等于 ρi 且获得对

数球面几何(陶里努斯这样称呼新几何)的许多事实.

陶里努斯曾经知道球面几何对应于钝角假设,而欧几里得几何是从球面到对数球面的"过渡"(此时球的半径从实数域经过无穷大过渡到虚数域).然而,非常可惜的是,陶里努斯明知逻辑上对数球面几何没有矛盾,还是不顾已经取得的这些成就,把锐角假设看作非事实而抛弃了它,也许他不能想象建立锐角假设成立的空间.

3.3　高斯的非欧几何学研究

以上,我们简要地叙述了非欧几何的先驱们在第五公设方面的研究.然而,我们看到:当他们走到非欧几何的门槛前,却由于各自不同的原因或者却步后退,或者徘徊不前.这充分说明要突破具有两千年根基的欧氏几何传统需要更高大的巨人的出现,他将站在巨人的肩上,因而也就必然比任何人看得更高更远.对于非欧几何来说,这样更高大的巨人不止一位,他们是高斯、鲍耶和罗巴切夫斯基.对于非欧几何创立的这种历史继承性,美国著名数学史家 M.克莱因有过一段经典的评价:"任何较大的数学分支甚或较大的特殊成果,都不会只是个人的工作.充其量,某些决定性的步骤或证明可以归功于个人.这种数学积累的发展特别适用于非欧几何."([6],285 页)

在这一节中,我们将重点分析与考察高斯关于平行线理论研究的原始文献,并从中探求高斯关于非欧几何学研究的核心问题.为此,我们对文献[8](202—209 页)中的有关历史文献做一个全面的考察. Roberto Bonola 在他的著名的著作《非欧几何学——关于其发展的批评与史论研究》中对这一专题有详尽的考察.下面,我们将参照高斯的原文并着重参考 Roberto Bonola 的研究,对高斯关于平行线理论的研究做一全面的考察.

3.3.1　平行线的定义

首先,高斯定义平行线如下:

如果共面直线 AM、BN 彼此不相交,此外,从 A 点出发、位于 AM 和 AB 之间的每一条直线都与 BN 相交,那么 AM 称为与 BN 平行的直线(如图 3-4).

高斯假设一条通过 A 的直线,从位置 AB 出发,朝着 BN 所作出的方向连续地旋转,直到它到达 AC 的位置(在 BA 的延长线上).这条直线是从与 BN 相交开始,但最后它与 BN 不相交.这样,必定有一个位置

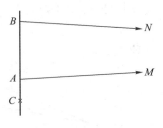

图 3-4 平行线的定义

而且只有一个位置是与 *BN* 相交与不相交的分界线. 这条直线必定是与 *BN* 不相交的**第一条**直线：这样,从我们的定义可知,它是平行线 *AM*；显然,由于在所有与 *BN* 相交的直线的集合中不可能有**最后**一条直线.

从这里将看出,这一定义在怎样的程度上与欧几里得的平行线定义的不同. 如果欧几里得的公设被否定,那么就会有不同的直线朝向直线 *BN* 的一侧,并且它与 *BN* 不相交. 按照欧几里得的平行线定义,这些直线都将与 *BN* 平行. 在高斯的定义中,这些直线中仅第一条称为平行于 *BN*.

有了这些措施,现在高斯指出：在它的定义中,这些直线 *AM* 和 *BN* 的起始点已被假定,尽管这些直线 *AM* 和 *BN* 的方向上被假定为可以无限地延长.

接下来,高斯继续指出：

假如这些直线(在保持相同的意义下)可以无限地延长,那么直线 *AM* 与直线 *BN* 的平行是独立于点 *A* 和 *B* 的.

显然,如果我们保持 *A* 点固定,并以直线 *BN* 上的另一点或其反向延长线上的另一点 *B'* 替代点 *B*,那么我们可以得到相同的平行线 *AM*.

剩下的是要证明：如果 *AM* 对于点 *A* 是平行于 *BN* 的,则对于 *AM* 上的任意一点或者是 *AM* 的反向延长线上的任意一点,它也平行于 *BN*.

取 *AM* 上不同于 *A* 的另一个起始点 *A'*(如图 3-5),过点 *A'*,在 *A'B* 和 *A'M* 之间,作直线 *A'P*,其方向任意.

过 *A'P* 上任意一点 *Q*,在 *A'* 和 *P* 之间,作直线 *AQ*.

那么,根据定义,*AQ* 必与 *BN* 相交,因而,显然 *QP* 也必与 *BN* 相交.

由此,*AA'M* 是第一条与 *BN* 不相交的直线,而且 *A'M* 平行于 *BN*.

又,取 AM 反向延长线上的一点 A'(如图 3 - 6).

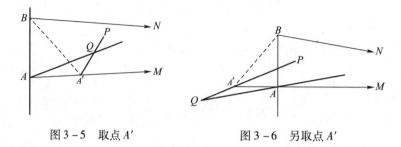

图 3 - 5　取点 A'　　　　　　　　图 3 - 6　另取点 A'

过 A' 点,在 $A'B$ 和 $A'M$ 之间,以任意方向作直线 $A'P$.

在 $A'P$ 的反向延长线上任取一点 Q.

那么,由定义, QA 必与 BN 相交,比如说,交于 R 点. 因此 $A'P$ 位于闭图形 $A'ARB$ 的内部,且必定相交于四条边 $A'A$、AR、RB 和 BA' 之一.

很明显,这必定是第三条边 RB,因此 $A'M$ 平行于 BN.

3.3.2　平行性的相互关系

高斯给出了平行线的定义之后,接着建立了平行性的相互关系,即

定理:如果 AM 平行于 BN,那么 BN 也平行于 AM.

高斯是这样证明这个结果的:

从 BN 上的任意点 B 作 BA 垂直于 AM. 过 B 点在 BA 和 BN 之间作任意直线 BN'.

过点 B,如同 BN 一样在 AB 的同一侧,作

$$\angle ABC = \frac{1}{2} \angle N'BN,$$

有两种可能的情形:

情形(i), BC 与 AM 相交(如图 3 - 7).

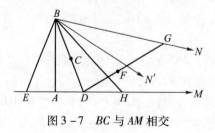

图 3 - 7　BC 与 AM 相交

情形(ii), BC 与 AM 不相交(如图 3 - 8).

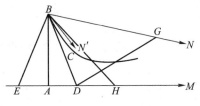

图 3 – 8 *BC* 与 *AM* 不相交

情形(i)的证明:

设 *BC* 交 *AM* 于 *D* 点,取 *AE* = *AD*,连接 *BE*,使 ∠*BDF* = ∠*BED*.

由于 *AM* 平行于 *BN*,*DF* 必与 *BN* 相交,设交点为 *G*.

在 *EM* 上取 *EH*,使其等于 *DG*.

那么,在 △*BEH* 和 △*BDG* 中,就有

$$\angle EBH = \angle DBG,$$

因此 $$\angle EBD = \angle HBG,$$

但 $$\angle EBD = \angle N'BN,$$

因此 *BN'* 和 *BH* 重合,所以 *BN'* 必与 *AM* 相交.

但是 *BN'* 是在 *BA* 和 *BN* 间的过点 *B* 的任意直线,因此,*BN* 平行于 *AM*.

情形(ii)的证明:

在这一情形,设 *D* 是 *AM* 上的任意一点,那么,与上述同样的理由,有

$$\angle EBD = \angle GBH,$$

但是 $$\angle ABD < \angle ABC,$$

因此 $$\angle EBD < \angle N'BN,$$

所以 $$\angle GBH < \angle N'BN,$$

因此 *BN'* 必与 *AM* 相交.

但是,*BN'* 是在 *BA* 和 *BN* 之间经过 *B* 点的任意直线,因此,*BN* 平行于 *AM*.

由此,我们已经在两种情形下证明了:如果 *AM* 平行于 *BN*,那么 *BN* 也平行于 *AM*.

高斯对这个定理的第二个证明是在德文译文中给出的. 然而,可以发现,他假设 *BC* 与 *AM* 相交,并利用上述论据去证明,这一点是必要的.

在这篇概要中,高斯证明的下一个定理是:

定理:如果直线(1)平行于直线(2)和直线(3),那么直线(2)和直

线(3)也互相平行.

情形(ⅰ)的证明：

设直线(1)位于直线(2)和(3)之间(如图 3 – 9).

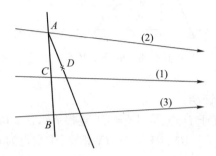

图 3 – 9　直线(1)位于直线(2)和(3)之间

设 A 和 B 分别是直线(2)和(3)上的两个点,并设 AB 交直线(1)于点 C.

过点 A 任意作一条位于 AB 和(2)之间的直线 AD,那么它必与(1)相交,延长之则必与(3)相交.

因为对于每一条这样的直线 AD,上述的推论都成立,所以(2)平行于(3).

情形(ⅱ)的证明：

设直线(1)位于(2)和(3)两者的外侧,并设(2)位于(1)和(3)之间(如图 3 – 10).

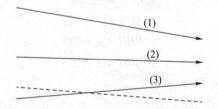

图 3 – 10　直线(1)位于直线(2)和(3)的外侧

如果(2)不平行于(3),过直线(3)上的任意一点,可作一条不同于直线(3)的直线,这条直线平行于直线(2).

由情形(ⅰ),这条直线也平行于(1),这是不合理的.

高斯的这种简短的关于平行线理论的评注,以下面的定理而结束.

定理：如果两直线 AM 和 BN 平行,那么这两条直线的反向延长线也不相交.

从以上的分析,我们很明显地看出,高斯的平行线理论意味着:**这是在给定的意义下的平行线理论**.

事实上,他的平行线的定义处理的是一条从 A 点出发的、在截线 AB 的确定的一侧的一条射线(例如,作向右侧的一条**射线**),所以我们可以说平行于 BN 的直线 AM 是右侧平行线. 而从 A 点出发朝向左侧的平行于直线 BN 的直线则不一定是 AM. 如果它是 AM 的话,我们将得到欧几里得的假设.

在第三个定理中,如果两条直线都平行于第三条直线,那么在同样的意义(两者都是左侧平行,或者两者都是右侧平行)下,这两条直线互相平行.

3.3.3 关于相应点的思想

在关于平行线理论的第二份备忘录中,高斯重复相同的背景,但增加了关于两条平行线 AA'、BB' 相应点的思想.

若 AB 与同侧的平行线形成相等的内角,则称 A、B 两点为相应点(如图 3 – 11).

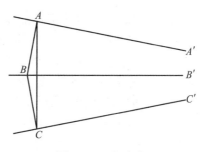

图 3 – 11 相应点

关于相应点,高斯叙述了如下的定理:

(ⅰ)如果 A、B 是两平行线上的两个相应点,M 是 AB 的中点,则垂直于 AB 的直线 MN 平行于两条给定的直线,并且在 MN 的与 A 同一侧的每一点比 B 更靠近 A.

(ⅱ)如果 A、B 是平行线(1)和(2)上的两个相应点,并且 A'、B' 是在相同直线上的另外两个相应点,那么 $AA' = BB'$,反之也成立.

(ⅲ)如果 A、B、C 是平行线(1)、(2)和(3)上的三个点,使得 A 和 B、B 和 C 是相应点,那么 A 和 C 也是相应点.

考虑由三条线组成的一线束(也就是三条共点线,如图 3 – 12),相应点的思想允许我们定义一个圆:这个圆是相应于一给定点的一线束

的端点的轨迹. 但是,这个轨迹也可以由一平行线束所画出. 在欧几里得情形,这个轨迹是一条直线:但是,如果不考虑欧几里得的假设,问题中的轨迹就是一条直线,它有着通常意义下的许多和圆一样的性质,但它本身仍不是一个圆.

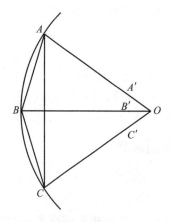

图 3 – 12   线束

事实上,**如果在它上面任取三点,过它们不能作一个圆.** 这条直线可以被认为是一个当它的半径变成无穷大时的圆的极限情形. 在罗巴切夫斯基和鲍耶的非欧几何中,这一轨迹起着重要的作用,并且我们将在名为极限圆(Horocycle)的著作中遇到它(见:罗巴切夫斯基,Grenzkreis,Courbe-limite or Horocycle;鲍耶,Parazykl,L-linie).

注意到下面的事情是有趣的,即使在这一时期,高斯看来已经预料到极限圆的重要性. 相应点的定义和它的性质的叙述明显地意味着要形成一个关于这一曲线的性质的讨论的导引,这一曲线,高斯看来已经给出了名称 Trope. 1832 年,高斯从他的朋友 W. 鲍耶那里收到一部他朋友的儿子 J. 鲍耶关于这一工作的绝对几何学的著作.

从高斯中断他工作的日期的前前后后的信件中,我们知道,高斯已经在他的几何学中发现了绝对长度单位(例如兰伯特和勒让德),并且常数 k 已出现在他的公式中,用这个公式,所有的非欧几何问题可以得到解决. 1824 年 11 月 8 日高斯给陶里努斯的信中写道([8],186—188页):

"三角形的三内角之和小于180°,这假定导引到特殊的、与我们的几何完全相异的几何. 这几何是完全一贯的,并且我发展它本身,结果完全令人满意. 除了某一个常数的值不能先天地予以表示定义以外,在这几何里我能解决任何课题. 我们给予这常数值愈大,则愈接近欧几里得几何,而且它的无穷大值会使得双方系统合而为一. 如果宇宙的几何真是非欧的,而且如果这常数的数量级和我们能够得到的对地球或天体的测量值相差不太远的话,那我们应该可以算出这常数.”

这件事实的更完全的说明是在 1831 年高斯给舒马赫的信中([8],215—218 页),高斯给出了半径为 r 的圆的周长的公式:

$$\pi k(e^{\frac{r}{k}} - e^{-\frac{r}{k}}),$$

关于常数 k,他说道,如果我们希望得到新的几何与经验的事实相符,我们必须假设 k 与所有已知的度量相比为无穷大.

因为 $k = \infty$,圆的周长的高斯公式取通常的形式(为了看出这一点,我们仅需利用指数级数公式). 同样的注解对高斯的整个的几何学系统成立. 作为其极限情形,当 $k = \infty$ 时,它包含了欧几里得系统.

3.4 高斯的非欧几何学研究之核心问题

从上面的分析和考察,我们可以看出,高斯的非欧几何研究有两个核心的问题:平行线的定义(即第五公设之否定——它与三角形内角之和小于 $180°$ 的假定等价);绝对长度单位(即高斯所说的常数).

从微分几何的观点看,我们知道:第一个问题本质上是角之盈余或亏量的问题,而绝对长度单位与高斯曲率 K 密切相关且等于 $\dfrac{1}{\sqrt{|K|}}$.

下面我们从这两个核心的问题,对高斯的非欧几何研究作进一步的分析.

3.4.1 关于第五公设之否定的假设

高斯关于非欧几何学研究的突破,首先是从第五公设之否定的假设开始的,早在 1794 年,高斯就已经认识到了(见高斯于 1846 年 10 月给格宁的信)这一假设可能导致这一新理论(即非欧几何学)之开端.

1799 年 9 月,在他的日记里有一小段话(原文为拉丁文):“在几何基础的问题上,我们得到很好的进展.”

数学家 W. 鲍耶写信告诉高斯说,他想他已经能从其他公理推得平行公理. 高斯不顾伤害他的朋友,于 1799 年 12 月 17 日回信说:

"我自己在那方面已经走得很远(虽然我的其他颇不相称的活动使我没有多少时间去做它);但是我所用的方法,并未产生所希求的结果,也就是你说你已经得到的结果. 我所得到的,是对几何的公理性的怀疑. 我的确得到一些结果,大部分人也会认为我证明了一些结果,但是在我看来,我几乎没有证明什么. 例如,我可以从存在面积为任意大的直线三角形的假设,严密地导出平行公理. 大部分人一定会把这假设当作公理,我没有这样做,因为我相信,很有可能,不管你把三角形的顶点拉开得多远,它的面积仍然在一个范围以内. 我现有几个这样的定理,但都不能使我满意."([8],159—160 页)

高斯在字里行间提到的可能性在非欧几何里实现了,在那里所有三角形的面积都不能超过一个界限. 事实上,面积任意大的三角形的存在性和欧氏平行公理等价(即两者可以互推). 这封信的内容表明,年仅 22 岁的高斯对几何基础的问题的钻研有多深.

3.4.2 关于绝对长度单位

1800 年左右,一件与平行公理的广泛讨论有关的事实是,如果公理不正确,则可得到绝对长度单位. 例如,在确定实数轴时,可以自由选取一线段来表示单位长度. 这是兰伯特及勒让德等人想到的,因为他们无法找到这样的单位,于是勒让德在 1794 年认定这是使人相信平行公理为真的一个好理由.

高斯对此有不同意见. 1816 年,他写信给天文学家格宁说,根据勒让德的考察,绝对长度单位的存在性看来固然值得怀疑,但是他自己无法据此导出任何矛盾. 他接着说:"说不定那样更好! 如果欧氏几何错了,那么我们就有一个放之四海而皆准的长度单位了."他又说,这个长度单位可以定义为,譬如说是每个角均为 $59°59'59.999''$ 的正三角形的一边长.

高斯选择这个三角形的用意很明显:它的三内角和与 180° 是如此的接近,就是最好的测量师也测不出来,但是,测不出来并不能否定宇宙的几何是非欧几何!

两个天资颇高的律师,施韦卡特及他的外甥陶里努斯,在解决平行线的问题上,有些实质上的贡献. 1807 年,施韦卡特在论文中指出,欧氏几何中的偏差,也许仅能从遥远的天文景象观察到,所以他把非欧几何叫做天文几何. 后来当高斯知道这个用语时,他很喜欢,有时候也用它.

陶里努斯比他的舅舅做得更多,其中包括非欧几何的"绝对长度"以及其三角公式. 他把平常球面三角公式中球的半径以虚数值代入而得这些公式(现在我们依然这样做). 1824 年他寄给高斯一个平行公理证明的尝试,同年 11 月高斯回信说明他自己做到什么地步(见 3.3.3 节引文).

引文中的常数,或称为绝对长度单位,和高斯曲率 K 有很密切的关系. 如果这世界真是非欧的话,也许可以根据经验以决定它的值. 事实上这常数的值为 $\dfrac{1}{\sqrt{|K|}}$,所以如果这常数趋近无穷大,则高斯曲率 K 趋近于零,而在欧氏平面上显然有高斯曲率 $K = 0$,也就是"这常数值愈大,则愈接近欧几里得几何".

1816 年高斯在一本科学期刊中评论两篇有关平行公理的论文. 他公开表示谴责之意,其中曾说那些东西是"想一手遮天的无用企图,真相是不可能被虚假证明的蛛网所遮蔽的". 这些评论使他受到粗俗的攻击,这点令他非常困扰,这些内幕是后来给舒马赫的信上才透露的.

3.5 非欧几何学的历史疑问

从上面的分析和考察,我们看到:自 1792 年起,高斯即对欧氏几何心存疑虑,并对第五公设问题进行了系统的研究. 从高斯的遗稿以及他与鲍耶(1804)、舒马赫(1816)、奥伯斯(1817)、施韦卡特(1819)、陶里努斯(1824)等人的信件中,我们得出高斯关于非欧几何研究的主要结果是从与第五公设相反的假设,展开逻辑上相容而与欧氏几何完全相异的几何,并得到了一系列的结果.

在 1819 年给施韦卡特的信上,他已经写下关于新几何的自己的成就:"……我已经发展星空几何到这种程度,只要知道常数 C 的话,便完全可以解决所有课题."在 1824 年给陶里努斯的信上,他说:……(见 3.3.3 节引文).

从这我们可以更清楚地看出,高斯在这里表明,他已经得到了欧氏几何与非欧几何之间的深刻的内在联系——"它的无穷大值会使得双方系统合而为一",其中,高斯在这里所说的"常数值"在欧氏几何与非欧几何之间的内在本质联系上有着重要意义(后文将深入讨论). 因此,高斯关于非欧几何学的研究已经得出了非常深刻的结果.

那么,关于非欧几何学的一个历史性的疑问就是:高斯为什么不发表自己的研究呢? 长期以来,人们一直以高斯在 1829 年给贝塞尔的信札中写到的话——"恐怕我还不能够迅速修改关于这个问题的自己很广泛的研究,使它可以出版,甚至在我的一生里可能不能解决这件事,因为当我发表自己的全部意见时,我害怕会引起波哀提亚人的叫嚣",作为高斯没有公开发表非欧几何研究的证明,因而简单地认为"这主要是因为他感到自己的发现与当时流行的康德空间哲学相抵触,担心世俗的攻击".([7])M. 克莱因(Morris Kline,1908—1992)也说道:"高斯也许过分小心,但人们应记得,虽然一些数学家逐渐达到非欧几何研究的顶峰,但大部分知识界还被康德的教条所统治."([6])

然而,问题真的是那么简单吗? 高斯本人的意图到底是怎样的? 我们仔细分析高斯这段话的含义,可以看出:后人更多的是强调后半句的意思,即"当我发表自己的全部意见时,我害怕会引起波哀提亚人的叫嚣",而简单地认为"因为他感到自己的发现与当时流行的康德空间哲学相抵触,担心世俗的攻击"(如[6],288 页;[7],229 页等).

但是,1844 年 11 月 1 日,高斯写信给他的朋友舒马赫说:……(见2.2.1 节最后一段引文)这表明高斯对于康德的哲学观点是持批判态度的,高斯应该是不属于被康德的教条所统治的大部分知识界之范畴的,因而那种所谓的"担心与当时流行的康德空间哲学相抵触"的观点是不成立的.

但是,当我们仔细分析与体会高斯的前半句话——一是"我还不能够迅速修改",二是"我的一生里可能不能解决"——的含义,对比高斯在这一时期创立的内蕴微分几何的基本思想,我们可以看出,其实高斯是另有原因的. 这就是说,在高斯看来非欧几何还远远没有达到他所希望的那种成熟到可以发表的程度. 然而,就在几乎同一时期,高斯已经在着手创立他的内蕴微分几何学,并且已经找到了研究"弯曲空间"的一般方法——从曲面本身的度量出发决定曲面在空间的形状.

因此,笔者认为:关于非欧几何的这一历史疑问,只有在全面比较考察和研究高斯的几何学思想(非欧几何学和内蕴微分几何学的)的基础上,才可能有一个比较合理的解释(或历史的重构).

本书试图给出这个问题的一个比较合理的解释或历史重构,这将构成本书的后续研究,它将涉及高斯内蕴微分几何学的创立、其基本思想以及高斯为非欧几何学的发展与确认所奠定的思想基础,等等.

参考文献

［1］H. Eves. Great Moments in Mathematics. The Mathematics Association of America, 1983. (中译本:数学史上的里程碑. 欧阳绛,等,译. 北京:北京科学技术出版社,1990.)

［2］E. T. Bell. Men of Mathematics:The Lives and Achievements of the Great Mathematicians from Zeno to Poincaré. (中译本:数学大师. 徐源,译. 上海:上海科技教育出版社,2004.)

［3］丘成桐. 时空的历史. 中国数学会通讯,2005(4):10 – 22.

［4］B. N. 科士青. 几何基础. 苏步青,译. 北京:商务印书馆,1954:4 – 44.

［5］陈荩民. 非欧派几何学. 胡文耀,校. 台北:商务印书馆,1935:1 – 44.

［6］莫里斯·克莱因. 古今数学思想(第三册). 上海:上海科学技术出版社,2002.

［7］李文林. 数学史概论. 2 版. 北京:高等教育出版社,2002.

［8］C. F. Gauss. Werke Ⅷ. Gottingen, 1900.

［9］R. Bonola. Non-Euclidean Geometry:A Critical and Historical Study of its Developments. New York, Dover Publications, Inc. 1955:64 – 75.

第 4 章　高斯内蕴微分几何学的创立

我们知道,高斯研究微分几何的出发点是这样的问题:"我们是否可以从曲面本身的度量出发决定曲面在空间的形状?"([1],53 页),这就是所谓的内蕴微分几何学. 这里有一个本质性的基本概念——曲面本身的度量问题,这是高斯内蕴微分几何研究的出发点,它涉及曲面的参数表示、弧长元素、第一基本形式等内蕴微分几何的基本概念. 内蕴微分几何学的创立过程,正是这一系列概念的提出、完善和发展的过程.

本章沿着这一思路,考察高斯创立内蕴微分几何学的思想轨迹. 我们可以从中看到高斯早年关于几何基础问题的研究,特别是大地测量工作对他的内蕴微分几何学的创立的重要影响.

4.1　哥本哈根获奖论文及其对内蕴微分几何学的贡献

我们首先考察高斯完成于 1822 年 12 月,并于 1823 年获哥本哈根科学院大奖的论文《将给定凸曲面投影到另一给定曲面而使最小部分保持相似的一般方法》(以下简称"获奖论文",该文于 1825 年出版)产生的背景,并分析该文对内蕴微分几何学的贡献.

4.1.1　哥本哈根获奖论文产生的背景

从前面的分析与研究,我们知道,高斯关于微分几何方面的工作之发端主要源于两个方面:一方面可溯源于他早年(至少从 1794 年起)在几何基础方面的持续兴趣,他在这方面的兴趣几乎集中于欧几里得平行公理的独立性的证明,即高斯所谓的"寻求真理";另一方面则源于他的大地测量工作. 我们知道,这两方面的工作都与空间曲面的弯曲本质密切相关,毫无疑问,高斯在这两方面的兴趣有一个共同的理论基础,那就是三角几何学(欧几里得三角几何学、球面三角几何学、双曲三角几何学以及曲面的三角几何学). 特别的是,在这些三角几何学中,关于一个三角形或多边形的内角和定理,高斯回忆,第一个深刻思想在他17 岁时已经产生. 1846 年 10 月 10 日,高斯给格宁的信中写道:……

（见 2.2.1 节引文）.

在球面三角几何学情形,角之盈余的这一定理（见第 5 章（5 - 34）式"高斯 - 博内定理"）在那时当然已经被普遍地认识到. 高斯在此讨论的是关于双曲几何的情形.

然而,高斯在大地测量方面的工作引导他（在 1812 年至 1816 年间）去研究回转椭球面上的测地线问题,以及关于一般弯曲空间上确定"所有的"保形图形的问题. 他估计这些保形图形在测量问题中是一个最重要的问题（[3],91 页）.

1825 年 12 月 11 日,高斯给汉森的信中说道:"你是非常正确的,每一个地图投影的绝对必要条件就是无穷小相似性,这个条件仅在非常必要的特殊情形下可以被忽略."

在 1816 年 7 月 5 日给舒马赫的信中,高斯说道:

> "我已和林德诺交换了关于一个竞赛问题的意见,这一问题将在新的期刊上陈述. 我思考了一个有趣的问题,即:**在一般情形下,用怎样的方法将一个给定曲面投射到另一个给定的曲面上,使得它的像和原像在无穷小部分保持相似.** 当第一个曲面是球面,而第二个是平面时,一个特殊的情形产生了. 在这里,球极平面投影和麦卡托（Mercator）投影（赤道投影）是特殊的解决方法. 然而,人们需要一个对所有类型的曲面都适用的一般解决方法,它包含了所有这些特殊情形."（[2],370 页）

高斯这里所说的有趣问题,就是后来由他的学生和朋友舒马赫（高斯已经告诉过他这个问题）利用职务之便,力劝哥本哈根科学院于 1821 年提出的征奖竞赛问题. 这个竞赛问题,是由高斯本人在一本关于天文学的新杂志上提出的（在 1816 年左右,高斯本人也许已经有了解决该问题的主要思想? [2],371—372 页）,然而,却没有被编辑选中.

由于 1821 年没有人呈交解答,于是 1822 年该问题又再一次被提出. 当舒马赫于 1822 年 6 月 4 日告诉高斯这一事情后,高斯于 1822 年 6 月 10 日回答道:"很抱歉,我现在才知道重新提出的竞赛问题……"同年 11 月 25 日,高斯问舒马赫呈交解答的最后期限是什么时候,舒马赫回答是这一年的年底,于是,高斯于 1822 年 12 月 11 日递交了他的解答（[3],90 页）.

因此,高斯对曲面理论的第一个重要贡献是解决他自己提出的一个竞赛问题,而且是在最后期限的压力下解决的. 这个竞赛问题,于

1825 年在一本天文学杂志"Astronomischen Abhandlungen"上发表,标题为《将给定凸曲面投影到另一给定曲面而使最小部分保持相似的一般方法》,并且,高斯还在标题下加了如下的一句拉丁文句子,像是一句格言,这也可以看成他在这项工作中的一个成功突破的自信的宣言. 高斯写道:"这些结果为重大的理论铺平了道路."

"这些结果为重大的理论铺平了道路",当然也就是为高斯的"内蕴微分几何"铺平了道路. 更确切地说,在他递交竞赛问题的解决方法的第二天,也就是 1822 年 12 月 12 日,高斯写下了一篇私人日记,标题为《关于我在曲面变换方面的研究的说明》([2],374—384 页),在其中他强调了一个简单的结果([2],381 页,公式(25)). 也就是,在某种保形坐标下,如果一个曲面的线元素由

$$\sqrt{m^2(\mathrm{d}u^2 + \mathrm{d}v^2)} \qquad\qquad (4-1)$$

给出,那么高斯曲率可以通过以下公式计算得出:

$$K = -\frac{1}{m^2}\left(\frac{\partial^2 \ln m}{\partial u^2} + \frac{\partial^2 \ln m}{\partial v^2}\right). \qquad\qquad (4-2)$$

这就是保形坐标的特殊情形下,"一般研究"中的高斯方程(见(5-14)),这是一个后来在微分几何中经常被运用的有用的公式. 但是不幸的是,该公式没有被高斯保留在他的"一般研究"中. 高斯从这个公式得出结论:"······在线元素 $\sqrt{m^2(\mathrm{d}u^2 + \mathrm{d}v^2)}$ 保持不变的曲面的所有变换下,曲率保持相同的值."

需要说明的是,高斯已经于 1816 年知道,通过几何论证包含在此式中的关于等距变换下曲率 K 的不变性的事实(这就是高斯的"绝妙定理"). 这一发现毫无疑问归因于由公式(4-1)所得到的曲率 K 与第一基本形式的明晰的分析上的联系.

从高斯的竞赛论文以及他一起提交的信件中可以知道,他曾被敦促在这项工作中作进一步的研究,高斯说道:"本篇论文的作者······感到遗憾的是,后一情形(这里的意思是指高斯后来得到的关于未解决的竞赛问题的更新信息的舒马赫的通知),迫使我自己······弄清楚该问题的本质. 如果不是有最后期限的话,作者愿意······去探求若干其他课题的发展,而这些问题现在必须留待另外的时间和地点去考虑了."([4], 191 页)高斯在这里所说的"留待另外的时间和地点去考虑"的问题,就是他后来在《关于曲面的一般研究》中所创立的内蕴微分几何.

4.1.2 对内蕴微分几何学的贡献

以上我们简要地分析了高斯的获奖论文产生的历史背景,从中我们可以看出高斯的这篇论文对于内蕴微分几何学的创立的影响和重大意义. 俄国数学家 A. H. 克雷洛夫曾经对此评价道:"1822 年为了解决丹麦哥本哈根科学院征奖所提出的建立地图格网的问题,高斯便对该问题得出一个通解法;谁知 90 年之后表明,在研究环绕物体的液体运动或环绕机翼流动的气体运动时,而得出完全相似的问题."(转引自[5],20 页)

高斯的这篇论文形式上是仅解决了丹麦哥本哈根科学院的问题,但是,就本质而言,我们可以看到,高斯在该文中实际上是全面地解决了曲面论的一个基本问题,提出了内蕴微分几何的一系列重要的基本概念,特别是,他在数学史上首次对保形映射作了一般性的论述,建立了等距映射的雏形([6],758 页). 下面,我们从现代微分几何的观点,对该文的内容作一简要的分析与考察([4],193—216 页;[7],463—475 页).

(1) 曲面的参数表示

首先,高斯在他的论文的开篇的第一节就提出了曲面的参数表示的思想(见 2.2.2 节引文). 用现代微分几何语言,就是将曲面的方程表示为

$$\begin{cases} x = x(t, u), \\ y = y(t, u), \\ z = z(t, u). \end{cases}$$

在接下来的第 2、3 节中,高斯指出,将一曲面表示到另一曲面

$$\begin{cases} X = X(T, U), \\ Y = Y(T, U), \\ Z = Z(T, U) \end{cases}$$

上,就是规定一种规则,通过这一规则,使得一曲面上的每一点对应于另一曲面上的一个确定的点. 这可以通过把 T 和 U 作为另外的两个变量 t 和 u 的确定的函数而完成. 不能假定这些函数为任意的,即这种表示必须满足一定的条件. 由此可得 X, Y, Z 也成为 t 和 u 的函数,除了由这两个曲面所规定的性质的条件之外,这些函数还必须满足在表示中所必须满足的全部的条件.

从这里,我们可以看出,曲面的参数表示在高斯的内蕴微分几何研究中的地位. 实际上,曲面的参数表示的思想,正是现代微分几何中建

立微分流形的局部坐标的思想. 因而, 曲面的参数表示为建立曲面的内在度量奠定了基础.

（2）曲面的弧长元素、弧长元素间的夹角和表示的分析条件

在接下来的第 4 节, 高斯利用无穷小分析方法, 对坐标函数进行微分, 得到如下结果:

$$dx = adt + a'du,$$
$$dy = bdt + b'du,$$
$$dz = cdt + c'du,$$
$$dX = Adt + A'du,$$
$$dY = Bdt + B'du,$$
$$dZ = Cdt + C'du$$

并建立了两个曲面上的弧长元素

$$\sqrt{(a^2 + b^2 + c^2)dt^2 + 2(aa' + bb' + cc')dt \cdot du + (a'^2 + b'^2 + c'^2)du^2}$$

和

$$\sqrt{(A^2 + B^2 + C^2)dt^2 + 2(AA' + BB' + CC')dt \cdot du + (A'^2 + B'^2 + C'^2)du^2}$$

以及曲面上两弧长元素间的夹角的余弦公式

$$[(adt + a'du)(a\delta t + a'\delta u) + (bdt + b'du)(b\delta t + b'\delta u)$$
$$+ (cdt + c'du)(c\delta t + c'\delta u)]$$

$$/[\sqrt{(adt + a'du)^2 + (bdt + b'du)^2 + (cdt + c'du)^2}$$
$$\cdot \sqrt{(a\delta t + a'\delta u)^2 + (b\delta t + b'\delta u)^2 + (c\delta t + c'\delta u)^2}].$$

进一步, 高斯得到了将给定凸曲面投影到另一给定曲面而使最小部分保持相似的一般方法的一个分析表达式

$$\frac{A^2 + B^2 + C^2}{a^2 + b^2 + c^2} = \frac{AA' + BB' + CC'}{aa' + bb' + cc'} = \frac{A'^2 + B'^2 + C'^2}{a'^2 + b'^2 + c'^2}.$$

特殊情况下, 高斯得到了所谓的完全相似性的分析条件, 即上述等式的值等于 1, 此时也称一曲面可以展开到另一曲面上.

由此可见, 高斯已经引进了曲面本身的内在度量——弧长元素, 并以此为出发点, 运用无穷小分析方法来研究曲面的几何性质, 得到了仅由曲面本身的度量所决定的内蕴性质. 这是内蕴微分几何学的基本思想和方法.

（3）曲面的第一基本形式、保形表示

在第 5 节中, 高斯首先记

$$(a^2 + b^2 + c^2)dt^2 + 2(aa' + bb' + cc')dt \cdot du + (a'^2 + b'^2 + c'^2)du^2 = \omega,$$

这就是现在所称的曲面的第一基本形式. 然后, 高斯考虑微分方程 $\omega =$

0 的积分,并利用复变函数论的方法,将上述微分方程分解为两个一次因子的积分,最后得到了如下的结果:

$$\omega = n(\mathrm{d}p^2 + \mathrm{d}q^2),$$

这里 n 是 t 和 u 的一个确定的函数,p 和 q 也表示 t 和 u 的实函数.

同理,若记另一个曲面相应的基本形式为 Ω,则对方程 $\Omega = 0$ 进行积分,得到

$$\Omega = N(\mathrm{d}P^2 + \mathrm{d}Q^2),$$

这里 P, Q, N 是 T 和 U 的实函数.

最后,高斯通过一系列的变换,得到了 P, Q 也可以用 t 和 u 表示的函数关系式. 于是,高斯下结论说:"这样,给定的问题就得到了一个完全的和一般的解决方法."

从现代微分几何学的观点看,高斯所用的方法,实际上是作正交分解,使得曲面在无穷小部分与平面相似,从而在一个小邻域内可以和平面建立保角对应,这样两个曲面可以相互表示,这就是保形变换的基本思想. 而在第 4 节中就得到的一个重要结果,用数学的语言说就是:保形变换的充要条件就是两个曲面的第一类基本量成比例.

第 6 和第 7 节,高斯继续对上述函数进行分析,得到了保形表示的伸缩之比例将由下面的公式所定义(见附录 1):

$$m = \sqrt{\frac{\mathrm{d}p^2 + \mathrm{d}q^2}{\omega} \cdot \frac{\Omega}{\mathrm{d}P^2 + \mathrm{d}Q^2} \cdot \varphi(p + \mathrm{i}q) \cdot \varphi'(p - \mathrm{i}q)}.$$

从第 8 节开始至第 13 节,高斯详细地叙述平面、正圆柱面、球面以及旋转椭球体面在平面上的保形投影方法. 最后,高斯在结论中还指出了旋转椭球体面如何投影在球面上.

另外必须提到的是,在这一论文的末尾有一附注,对如何应用椭球体在球面上的保形投影的理论来解大地测量计算问题作了完善的叙述. 这里,我们再一次看到高斯的伟大之处:以实例证明该理论在解决实际问题上的应用.

从上面的分析,我们可以看出:高斯的工作是独创而新颖的,他得出了不带任何条件的通解,更重要的是,他的解答是从复变函数和保形变换出发的,这些思想和方法以后在数学、物理中都有广泛的应用([5],20—21 页).

数学史表明,高斯的这篇论文对于内蕴微分几何学的创立,其贡献是巨大的,它奠定了内蕴微分几何学研究的基本思想:从曲面的参数表示出发,利用无穷小分析方法,引进弧长元素(即第一基本形式),然后研究由第一基本形式(这是曲面本身的度量)所决定的曲面在空间的

形状、性质,等等,这是高斯的内蕴微分几何学思想的精髓. 全面展开这一光辉思想的工作,则是高斯完成于 1827 年的历史性论文《关于曲面的一般研究》.

4.2 内蕴微分几何学的重大发现

从 1821 年直到 1825 年 8 月,高斯相当多的一部分时间是花费在相当费力和耗时的关于测地线的大地测量问题上. 关于这一领域,他写信给奥伯斯说道:"回首过去五年的大地测量工作,我不能感到满意."(转引自[8],129 页)在信件的另一段中,描述了 1825 年夏天进行的大地测量工作,高斯写道:"为了利用我的有生之年(如果上帝仍赐予我的话)毫无打扰地继续我的研究,我非常地想一举完成所有遗留下来的这些工作."(转引自[8],129 页)

就在这之后,高斯开始着手关于曲面的新理论的研究工作. 他于 1825 年 10 月 9 日向奥伯斯告知了此事([2],397 页),并于 1825 年 11 月 21 日写信给舒马赫([2],400 页)说道:

> "最近,我已重新着手关于曲面的一般研究的一部分,这一研究将形成我关于高等大地测量学的研究论文计划的基础. 它是一个其内容之丰饶与研究之艰难相当的学科,它使得我从一无所有开始. 非常不幸的是,我发现我必须回到基本的解释,因为即使是要知道必须发展什么、其不同之处、以及新研究的适用形式等,这些都需要作出阐述. 这棵大树的所有根都必须落于实处,而其中的这些努力花费了我数星期的紧张的思考. 这些问题中的大部分是属于位置几何的,这是一个迄今为止几乎完全没有被开发的领域."

高斯关于高等大地测量学研究工作计划中的微分几何这一章的草稿,也在高斯的手稿中被发现(下称"未完成的论文"),其标题为

$$《关于曲面的新的一般研究》(1825 \text{ 年}) \qquad (4-3)$$

高斯已于 1825 年的最后三个月把他的思想理出了头绪. 从这些草稿以及进一步的笔记(由 P. Stackel 从高斯的手稿中煞费苦心地收集的笔记),并对照 1827 年提交的《关于曲面的一般研究》中一些新概念和定理,我们发现在这一时期,高斯对于内蕴微分几何学有如下重要的发

现和结果：

　①　高斯映射的概念
　②　高斯曲率的概念　}1799 年至 1813 年间([2],367 页,369 页).
　③　结果 $K = k_1 \cdot k_2$

　④　总曲率在等距变换下的不变性:大约在 1816 年([2],372 页).

　　这些相对早期的发现成为随后高斯关于曲面的微分几何学研究的基调和主题,并且他自己把它定名为"美妙的定理",注意高斯在 1816 年时仍没有使用"总曲率"一词([2], 372 页). 在此,我们尽量地用高斯原来的表达方式,详细地阐述这一定理:

　　高斯的"美妙的定理"(大约 1816 年):如果 E^3 中的曲面上有一固定的图形,那么对于该曲面所有可能的形状变化,曲面上图形的球面映射像的面积保持不变.

$$(4-4)$$

　　推论:高斯的绝妙定理(见(5-15)),也就是,逐点定义的高斯曲率在等距变换下是一个不变量(注:与(4-4)略微不同的是,在(5-8)中是用极限方法表达的).

　　⑤　"高斯方程"的推导(即仅从第一基本形式计算高斯曲率 K,后面将给出):1822 年得到在保形坐标系下的计算公式(即(4-2))([2],381 页);1825 年得到在测地极坐标系下的计算公式(即(5-32))([2],442 页).

　　⑥　关于测地三角形的角度比较定理(见(5-35)和勒让德的结果(5-39)):1825 年([2],399 页).

　　⑦　小测地三角形角度之和(见(5-34),即高斯-博内定理):1825 年([2],435 页).

　　⑧　一般的"高斯引理"(见(5-22)(5-23)(5-24)):1825 年([2],439 页).

　　⑨　一般形式的"高斯方程"的推导(见(5-14))(即在任意给定的坐标系下,仅从第一基本形式计算高斯曲率的公式):1825 年([3],97 页).

　　上述这些内蕴微分几何学的重要概念和定理的发现的年表足以表明,在 1825 年的"一般研究"中,这些概念和定理的演绎表达的整理是处于核心的地位的,并与它们发现的年代顺序相反. 这一点并不奇怪,由于高斯当然不知道在一般的坐标系下的"高斯方程"(5-14),而这一方程在 1825 年底之前是他在"一般研究"的表示中的一个里程碑. 由于这一原因, 所以仅在他的手稿中发现了高斯在他未完成的论文《关于曲面的新的一般研究》(1825 年) 中给出了一个完全不同的证明.

另外, 我们必须注意到, 在高斯 1816 年的笔记上, 他没有给出"美妙的定理"的证明或者证明的迹象. 在 1825 年的未完成的论文(4 – 3)中, 可以发现"美妙的定理"的一个证明, 这一证明利用了小测地三角形角之盈余的定理.

由此, 我们可以推知高斯极有可能在 1816 年, 已经得到关于角之盈余的定理, 也就是作为定理(4 – 4)的"先导"的"高斯 – 博内定理". 这种推测可由高斯在双曲几何学方面关于三角形的角的性质方面的知识得到支持. 在 1816 年, 他已经知道这样的定理, 即在双曲几何学中, 具有相等的角的三角形总是全等的. 他还进一步说到在宇宙是双曲的情形下, 关于测量距离的一个可能的普遍单位的有趣的推测([2], 168 页).

1819 年, 高斯陈述了双曲几何学的一个结果([2], 182 页):

"当曲面的面积增加时, 曲面上的三角形的内角之和与 180°的差的亏量, 不仅在增加, 而且确切地说是成比例于它的面积."

这段引语来源于高斯 1819 年 3 月 3 日给格宁的信, 这是一份关于高斯的知识状况以及关于 1819 年左右的双曲几何学的重要文件. 这封信中的一些段落([2], 10 页), 可以作为该假说的论据(这当然没有被证明), 即高斯所做的地球上的或天文学上的角度测量, 是作为我们所处的空间的欧几里得几何是否有效的一种"检验".

在高斯的晚年(1846 年), 他曾经回顾他个人直到 1794 年关于后一定理的认识, 认为这"几乎是位于该理论(双曲微分几何学)之开端"的第一个重要定理([2], 266 页).

以上, 我们简要地考察了高斯 1825 年以前在内蕴微分几何学方面的重大发现和创造. 我们可以看到, 内蕴微分几何学的一系列重要概念和定理已经得到了比较充分的研究和认识, 因而可以认为, 高斯的内蕴微分几何学的思想体系已基本形成.

4.3 关于"绝妙定理"的证明

高斯的内蕴微分几何学中有两个最著名的定理:一个被高斯自己称为"绝妙定理",另一个则是被高斯称为整个曲面理论中最精美的定理的"高斯–博内定理". 它们涉及内蕴微分几何学的一个核心的概念——高斯曲率. 绝妙定理是说高斯曲率在等距变换下是一个不变量,而高斯–博内定理则是说高斯曲率在区域上的积分(即总曲率)等于区域上的角之盈余或亏量.

我们知道,高斯曲率描述了曲面在空间的弯曲程度,而角之盈余则体现了曲面的内蕴度量和平面度量的离差,也就是作为曲面的内蕴度量的非欧测度([9],48 页). 因此"高斯曲率在等距变换下的不变性"这一定理的证明在揭示曲面的本质上就有着根本性的意义,难怪乎高斯称其为"绝妙定理". 我们可以想象高斯发现这一定理时那激动的心情!

下面,我们将考察高斯关于绝妙定理的证明. 有意思的是,高斯自己在证明绝妙定理时,并没有直接利用"高斯方程",但是,却从他的角度说明了这一发现的几何学起源. 现在,我们概述这一证明([2],435—436 页).

高斯的出发点是以下的基本定理,即关于"小测地三角形的内角和与两直角之差的盈余"的定理. 然而,总曲率测度之盈余在这里还没有通过高斯曲率的积分来定义,但却是直接作为三角形的球面映像的"定向"曲面的面积. 在 1825 年的未完成论文(4–3)中,高斯给出了这一定理的表述如下([2],435 页):

在 E^3 中的一个曲面上的(小)测地三角形 Δ 的内角和等于 π 与三角形的球面映像的定向面积之和,这里定向面积取正或取负,取决于当沿着三角形的边界环绕时,三角形 Δ 的球面映像的边界沿着相同或相反的方向环绕. (4–5)

在可展曲面或球面的特殊情形,上述结果在当时已经被普遍地认识到. 而高斯则已于 1794 年在双曲几何学的情形(因此,本质上对于常负曲率曲面的情形)获得了与(4–5)相类似的结果([2],266 页),并于 1819 年在给格宁的信中告知了这一结果([2], 182 页).

因此,从高斯所掌握的知识,以及 1812 年至 1822 年间所获得的关于测地线方面(包括测地线和球面三角几何学,也包括投影和弯曲的问题)的非常丰富的微分几何学经验,我们可以看到高斯已经达到了对几何直觉的深刻洞察,并且导出了定理(4−5)对于非常数高斯曲率的一般情形的有效性.

在未完成的论文(4−3)中,高斯概述了(4−5)的证明(在那里,他不得不区分可能的不同几何情形). 然而,看来高斯对此并非很满意,正如他在注记中所说,"这一证明将需要解释和形式上的某些改变,如果……"(当不同几何情形之一发生时)([2],435 页).

尽管高斯深入地研究了他自己运用于(4−5)中的"定向曲面面积"的概念([2],398 页),但是他并不认为自己相应的研究已经足够"成熟". 任何情况下,像下面这样今天通常的分析描述,在高斯那里是不具备的:

三角形 Δ 的球面映像的定向面积 $= \int_\Delta \xi^* \sigma_2$,这里 ξ 是所考虑

的曲面的高斯映射,σ_2 是 E^3 中球面 S^2 的面积形式.   (4−6)

高斯对绝妙定理的几何的证明(这是历史的起源!),是在后来的未完成的论文(4−3)中发现的. 从先前证明的定理(4−5)——关于测地三角形内角和之盈余的定理——出发,接下来高斯导出了相类似的定理,即关于任意的边数 $n \geq 3$ 的测地多边形的内角和之盈余的定理:

E^3 中的曲面 M 上的一个由 n 条边构成的小测地多边形 Π 的所有内角之和,等于 $(n-2)\pi$ 加上 Π 在 M 的球面映像下的

定向面积 $\int K(\Pi)$.   (4−7)

然后他证明(不是口头上,而是本质的!)如下([2],435 页,436 页):

在一个从 E^3 中的曲面 M 到另一曲面 M' 的等距(可展)变换 $f:M \rightarrow M'$ 下,曲面上曲线的长度保持不变. 因此,f 将 M 的测地线映为 M' 的测地线. 同理,M 中的一点 A 的每一个(闭的)测地线 ε-邻域 D_ε 也映到点 $A' = f(A)$ 的(闭的)测地线 ε-邻域 D_ε',也就是 $D_\varepsilon' = f(D_\varepsilon)$.

因此从 f 为等距变换的性质得到面积的下列等式:

$$D_\varepsilon \text{ 的面积} = D_\varepsilon' \text{ 的面积.} \qquad (4-8)$$

另一方面,由 f 是等距变换可知,相交曲线间的夹角也保持不变,由此以及(4−7),立刻可得下面的定理:

定理:曲面 M 上的一个测地多边形 Π 的球面映像的定向面积

$\int K(\Pi)$ 等于相应于 Π（在等距变换 f 下）的 M' 上的球面映像

的测地多边形 $\Pi' = f(\Pi)$ 的定向面积 $\int K'(\Pi')$. (4-9)

当曲面 M 的测地多边形趋近于点 A 的闭 ε-邻域 D_ε 时，由（4-9）就得到下面的定理：

定理：在高斯映射下，曲面 M 的邻域 D_ε 的定向面积 $\int K(D_\varepsilon)$

等于曲面 M' 的邻域 D'_ε 的球面映像的定向面积 $\int K'(D'_\varepsilon)$.

(4-10)

当 $\varepsilon \to 0$ 时，取极限，从（4-8）和（4-10）可以得到如下结果：

$$K(A) = \lim_{\varepsilon \to 0} \frac{\int K(D_\varepsilon)}{D_\varepsilon \text{ 的面积}} = \lim_{\varepsilon \to 0} \frac{\int K'(D'_\varepsilon)}{D'_\varepsilon \text{ 的面积}} = K'(A').$$

这就是说，E^3 中的两个曲面 M 和 M'，在等距变换 $f:M \to M'$ 下，其对应点 A 和 A' 的高斯曲率相等.

这就是高斯的"绝妙定理"！

我们注意到，在这里用符号" $\int K$ "表示一个实值集合函数（不能分开为" $\int$ "和" K "，尽管可以这样联想），这个实值集合函数是对于曲面 M 上以曲线为边界的每一个紧子集 D，指定曲面 M 的在高斯映射 ξ 下区域 D 的球面映像的"定向面积 $\int K(D)$ "，它的正负号取决于边界 ∂D 和 $\xi(\partial D)$ 的环绕方向，这类似于高斯在（4-5）中的解释.

从上面的分析和考察，如果对比高斯在他 1827 年的"一般研究"中关于绝妙定理的证明，我们可以看到：高斯在 1825 年未完成的论文《关于曲面的新的一般研究》中所用的方法是几何的，而在 1827 年的《关于曲面的一般研究》中所用的方法是分析的. 我们认为，这一先后所用方法的不同正是一般数学思维规律的体现，即从几何的直观到抽象的分析. 关于高斯的分析方法，我们将在下一章考察.

4.4 高斯的手稿——未完成的论文（1825 年）

我们刚刚考察了高斯在他的未完成的论文（4-3）中所给出的证

明,它给人们以非常深刻的几何论证的印象,然而,高斯从未发表他的证明! 这其中的原因,一方面当然是由于他的自我批判的态度,这在上述的(4 – 5)的一个证明中已经提到;而特殊的原因,则是由于包含在那个证明中的关于"曲面上球面映像的定向面积"的概念,他还没有用分析的严格性给以定义,而他又常常运用这一概念.

实际上,高斯认为没有非常严格的证明是有原因的. 关于 E^3 中可展曲面由直母线生成的存在性问题([2], 44 页),高斯在 1828 年 7 月给奥伯斯的信中说道:"据我所知,在所有这些所谓的证明中(除了我的证明),这种直母线的存在性问题只是非常隐约地得到……"

除了以上这些原因,必定还有其他的原因. 在未完成的论文(4 – 3)中,对于绝妙定理,高斯提到上述的证明遵照了"高斯引理"和约化到测地极坐系情形的"高斯方程". 然后,在标题为《关于曲面的新的一般研究》的未完成论文中,突然停止了. 可以确定的时间大约是 1825 年底(12 月?).

另外,在曲面等距变换下,如果知道一个曲面的测地极坐标系总可以变换到另一个曲面的测地极坐标系,那么在这里,高斯必然认识到从已经获得的分析结果(5 – 32),绝妙定理立即可以推导出来. 事实上,这一点可以从等距变换的保长性和保角性立即得出. 此外,在他(4 – 5)和(4 – 10)的证明中,可以看出更多的并且更容易的某些几何的证明! 由此看来,高斯很可能是认为他的第一个证明"不具权威"或是过时了,因而没有将它发表出来.

在后来 1927 年的《关于曲面的一般研究》的第 21 节的观点看来(这一研究,在他的未完成的论文(4 – 3)中没有任何前驱者!),我们甚至可以得出这样的结论:在那个时期,高斯已经在原理上认识到,关于曲面上局部图形的第一基本形式的系数 E, F, G,用类似的另一个图形的系数 E', F', G' 来表示的可能性. 因此,在原理上,应该能表达高斯方程

$$K = -\frac{1}{\sqrt{G}}(\sqrt{G})_{uu} \quad \text{和} \quad \Theta = -(\sqrt{G})_u \mathrm{d}v.$$

这一方程高斯首先是在测地极坐标系的特殊图形上获得的,正如出现在 1827 年的"一般研究"第 11 节中的下面形式的高斯方程:

$$
\begin{aligned}
4(EG - F^2)^2 K = &\ E(E_v G_v - 2F_u G_v + G_u^2) \\
&+ F(E_u G_v - E_v G_u - 2E_v F_v + 4F_u F_v - 2F_u G_u) \\
&+ G(E_u G_u - 2E_u F_v + E_v^2)
\end{aligned}
$$

$$- 2(EG - F^2)(E_{vv} - 2F_{uv} + G_{uu}).$$

用这种方法,高斯一定发现了对于曲面上一般坐标系的上述高斯方程的明确的形式. 几乎可以确定的是:高斯直到 1826 年才发现了这一计算公式,并且出现在"一般研究"中高斯方程的最后的证明中. 这一证明是通过在给定的一般坐标系下惊人的计算完成的. 由此,高斯认识到这一计算公式的中心地位和伟大的有效性. 因而,高斯把已经很好地陈述的文章(即未完成的论文)搁在一边,而开始发展这些结果的一个新的报告,它完全基于上面所述的高斯方程. 这一报告就是 1827 年高斯提交给哥廷根皇家学会的论文《关于曲面的一般研究》.

关于这一时期高斯工作的上述转变,我们可以从 1826 年 11 月 20 日高斯写给 Bessel 的信([10],392 页)中看到. 在这封信上,高斯说到他已经放弃原来的打算——总结他在《高等大地测量学》一书中的曲面的微分几何学的研究——而代之以专门的研究论文. 在这一时期,他关于高斯曲率研究的这一部分,对他而言看来是非常成熟了,以至于毫不迟疑地准备将它公开发表.

这里我们要说明的是:在高斯的手稿中,我们发现他的非常粗略的关于 E^3 中曲面上曲线的测地曲率的笔记([2],386—395 页),时间也是从 1822 年到 1825 年之间. 这些笔记表明还没有达到一个相比较而言算是解决的状态. 因此,高斯完全地把"测地曲率"的概念排斥在"一般研究"的内容之外. 在这一点上,F. Minding 先于高斯公开发表了([11])!

因此,《关于曲面的一般研究》作为高斯的曲面理论研究的一个集中的研究报告形式产生了. 在这里,高斯方程成为一个新的起点,他不仅将他新的研究完全建立在高斯方程的基础之上,而且省略了最初以《关于曲面的新的一般研究》为标题的未完成的论文中关于曲线和曲面的曲率等所有基本的部分. 正是以这样的方式,高斯的《关于曲面的一般研究》以最令人信服的例证说明了一句格言,这一格言被深深地刻在了高斯的印章里([3],6 页). 这个印章描绘出这样一幅图景:一棵挂着一些果实的树,上面刻着"Pauca, sed matura"(少些,但要成熟).

《关于曲面的一般研究》是高斯在曲面的几何学方面 15 年以上的思考和工作的顶峰,同时也打开了一片新的视野. 它在内容的浓缩和表达的优美,以及它的创造性和思想的激励作用等方面,在数学文献中几乎是空前的.

4.5 提交给皇家学会的报告和《关于曲面的一般研究》的发表

　　1827 年 10 月 8 日,高斯向哥廷根皇家学会提交了历史性的论文《关于曲面的一般研究》(disquisitiones generales circa superficies curves)及论文的摘要(摘要刊登于 Gottingische Gelehrte Anzeigen 1827 年第 177 期,1761—1768 页),从而开创了微分几何学的新时代.

　　高斯在他的论文摘要中写道([4],341 页;[13],565 页):"尽管几何学家们很重视曲面的研究,其成果也在高等几何中占了相当的比例,然而对于曲面的彻底了解依旧十分遥远,以至于可以贴切地把它比喻成一块极为多产的土地,但是迄今为止仅只耕耘了一小片而已.几年前,作者解决了在保持最小元素不变的条件下,一个给定曲面到另一个曲面上的所有表示问题,从而给出了曲面研究的一个新方向."

　　从高斯的这一段话中,我们可以看到:一方面指出了他自己在 1822 年解决的哥本哈根获奖问题对于创立内蕴微分几何学的重要意义,同时也指出了他所创立的内蕴微分几何学完全是曲面研究的一个新方向.事实上,正如我们从高斯的信件和未发表的笔记中所知道的,"一般研究"的发表是高斯经历了 15 年以上反复的思考后的一个成熟果实,是关于这一课题的智力的结晶,也是发表前两年多努力工作的结果,因为,正是在这一时期,高斯一直在努力寻找高斯方程的"最优的分析论证"和"绝妙定理"的证明.

　　因而非常有趣的是,高斯风格的最著名的声明——"少些,但要成熟",也从他的微分几何学的工作和发表的这一时期生动地表现出来.关于具体的准备"一般研究"发表的后期阶段,我们从高斯于 1825 年 10 月 30 日给他的朋友奥伯斯的一封信中可以看出他的风格:"尽管一项研究的数学方面对我而言通常是最有趣的,但是,另一方面,我也不能否认,为了得到对这样持续长时间的研究过程(就像这一研究那样)的工作的满意,我最终必须看到一个完美地组织好、无人工雕琢的东西的出现."([2],399 页)

　　进一步,从高斯于 1825 年 11 月 21 日给他的朋友舒马赫的信我们看到([2], 400 页):"我总是希望给予我的研究以如此完美的程度,除此而外没有更多的希望.当然,这对于我的研究来说总是极端困难的."

　　然而,高斯的这些想法以及相似的表述,甚至被高斯亲密的朋友所误解,特别是到后来,这可能是由于高斯年龄的逐渐增长.如舒马赫和贝塞尔就曾反复地催促高斯加快发表文章,以便为后代保留大量丰富的思想,而让他人去"修改"这些思想.

　　下面的一段,选自高斯写于 1850 年 2 月 5 日的一封信([3],10页),这一年高斯 73 岁,正好是他去世前五年. 在这封信中,清楚地表达了高斯是怎样深深地感到被这些要求所误解,他再一次严谨地指出花费他如此多的时间是他努力地追求"表达的完美"的组成部分:"如果你们认为我这仅仅是意欲通过语言和表达的优美而进行的最后层次的修改,那么你们就完全地错了. 相比较而言,这些只带来一些无关紧要的时间的浪费. 我真正的意思是内在的完美. 指出那些多处存在于我的文章中的耗费我多年思考的地方,以及因为它们的高度浓缩和精练的表达而随后没有人会注意到我曾经所克服的那些困难. "

　　关于这一点,我们仅补充以下的进一步说明. 从中,我们可以看到高斯所独有的那种对自己要求的态度;另外,高斯从不声称自己的工作是数学上的唯一的必须遵循的标准. 下面的一段话摘录自高斯于 1832年 8 月 18 日给恩克的一封信,从中可以看到他那种宽容的态度([14],84 页):"这种工作的方式有时会有这样的一个结果,而这已经多次地发生在我身上,这就是我已经知道了很多年的事情,后来又被别人发现并首次发表出来;它也许会有这样的结果,即某些事情我会完全忘了,并且我知道我的一些朋友愿意我在这种心境中少工作些. 然而,这从没有发生过;我会发现在那种不完整的结果中我毫无乐趣,并且我发现毫无乐趣的工作对我而言是一种折磨. 就让每一个人工作在最适合他的心境中吧. "

　　关于高斯在他的"一般研究"中的表达风格,高斯明显地给出了他偏爱的分析的方法. 如果我们通观高斯的"一般研究"的内容就知道,几何的论证是非常简洁的. 例如,在无穷小角度比较定理和无穷小面积比较定理的证明中,高斯指出,关于幂级数计算的必要的偏微分方程可以"从基本的几何考虑导出",而没有进一步的论述.

　　不幸的是,用作例证的图形都完全缺失了,而这些图形在增加其"一般研究"中的若干段落的可读性方面将会是大有帮助的. 关于上述问题(图形的缺失),最突出的是最后一节(参见本书附录 2),那里包含有大量的关于各种角度、距离等的超乎寻常的数学符号.

　　高斯清楚地看到这种在几何问题中分析计算方法的运用的矛盾. 也就是,一方面是它的有效性,另一方面是分析计算方法的运用会削弱几何直觉的力量的这种内在趋势. 正如下面摘录自高斯关于蒙日的"画法几何学"的评论的一段话所表明的那样([4],359 页):"不可否认,分析的方法优于几何的处理;它的简明性、简单性、一致性,特别是它的一般性. 当研究的问题变得越困难越复杂,分析的优点通常变得越是具有决定性的. 然而,继续发展几何的方法却总是非常重要的. ……特别的是,我们应该赞扬那种在明晰的几何观点下考虑的工作(指画法几何学)……因此,使这种研究成为一种增进智力的东西是可取的,毫无疑问,通过它可以大大有助于真正的几何精神的复兴和保持,而这一点在现时代的数学中有时是缺失的. "

以下,我们再推荐一段补充的并围绕着上述评论(这也是有趣的说教)的观点,这一观点认为:"(几何方法将)仍然是年轻人在早期研究中必不可少的,它可以防止片面……并给予年轻人以线 – 线关系和方向感的理解,而这在分析方法中是很少发展的,有时甚至是被分析方法所损害的. "

从上面的分析,我们可以看出,高斯所批评的是那种忽视了概念的本源和几何的直觉的分析方法的纯机械运用,因为高斯认为这样会真正地损害数学工作的"可靠性". 这里,我们再一次领略到了高斯的风格——对数学理论的完美的追求,特别是对于将发表的成果的精益求精. 我们的耳边似乎又响起高斯的座右铭"少些,但要成熟. "

对于高斯关于曲面论的工作,20 世纪数学大师陈省身教授曾经如此评价道:"历史上最有价值的文献当是高斯的'曲面论'. "([12],331页)这绝非偶然的,它是"高斯风格"的结晶. 由此也可见高斯的《关于曲面的一般研究》在微分几何学历史发展中的地位及其重要意义.

参考文献

[1] W. 柏拉须开. 微分几何学引论. 方德值,译. 北京:科学出版社,1963.

[2] C. F. Gauss. Werke Ⅷ. Gottingen, 1900.

[3] P. Stackel. Gauss als Geometer, G. W. 10, 2, Abhandlung 4, 1 – 123.

[4] C. F. Gauss. Werke Ⅳ. Gottingen, 1880.

[5] Ϸ. Đ. 巴格拉图尼. 卡·弗·高斯:大地测量研究简述. 许厚泽,王广运,译. 北京:测绘出版社,1957.

[6] 袁向东. 高斯//吴文俊. 世界著名数学家传记. 北京:科学出版社,1995:749 – 773.

[7] D. E. Smith. A Source Book in Mathematics. New York, 1929:463 – 475.

[8] P. Dombrowski. Differential Geometry:150 Years After CARL FRIEDRICH GAUSS' disquisitiones generales circa superficies curves. asterisque. 1979, 62:1 – 153. Soc. Math. France.

[9] A. Д. 亚历山大洛夫. 凸曲面的内蕴几何学. 吴祖基, 译. 北京: 科学出版社, 1962.

[10] C. F. Gauss. Werke IX. Gottingen, 1900.

[11] F. Minding. Bemerkung uber die Abwicklung krummer Linien von Flachen, Crelle J. 1830, 6: 159 – 161.

[12] 陈省身. 高斯 – 博内定理及麦克斯韦方程 // 张奠宙, 等. 陈省身文集. 上海: 华东师范大学出版社, 2002.

[13] 李文林. 数学珍宝: 历史文献精选. 北京: 科学出版社, 1998: 565 – 570.

[14] C. F. Gauss. Werke XI, 1. Gottingen, 1900.

第 5 章 高斯内蕴微分几何学的基本思想——《关于曲面的一般研究》之研究

正如黎曼在《关于几何基础的假设》中所指出的:"我们首先想做的就是,从数量的最一般观念出发去建立一个多重广义尺度的概念. 由此可知一个多重广义尺度应包容各种各样的度量关系,而通常的空间仅是三重广义尺度的一个特殊情形."([1],602 页)可见,黎曼的核心思想是要建立所谓的多重广义尺度中的各种各样的度量关系,从而展开各种各样的几何学. 这正是有别于欧氏几何的各种几何学,而欧氏几何学成为"一个特殊情形".

实际上,这一光辉思想在高斯的著作《关于曲面的一般研究》中已经得到了体现并奠定了基础. 我们知道,高斯的内蕴微分几何学最初的两个基本概念,一是在曲面上引进坐标(曲面的参数表示),二是引进曲面的弧长元素(第一基本形式——度量),从而对曲面的内蕴性质展开系统研究.

我们已经指出勾股定理之本质乃是几何空间的度量性质. 高斯正是从曲面的参数表示出发,建立了曲面本身的度量——曲面的第一基本形式:

$$ds^2 = d\boldsymbol{r}^2 = Edu^2 + 2Fdudv + Gdv^2,$$

其意义就是:在正确到高阶无穷小范围内,曲面是等长地对应于切平面上的无穷小区域. 而曲面的第一类基本量 E, F, G 是 u, v(曲面的坐标)的函数,并且完全确定了曲面的内蕴度量. 对于曲面上的曲线

$$u = u(t), v = v(t), \quad 即 \boldsymbol{r} = \boldsymbol{r}(u(t), v(t)),$$

其弧长等于弧长元素 ds 沿曲线的积分,即可以用积分

$$s = \int ds = \int \sqrt{E\left(\frac{du}{dt}\right)^2 + 2F\frac{du}{dt}\frac{dv}{dt} + G\left(\frac{dv}{dt}\right)^2} dt$$

来表示. 如果长度被确定了,那么作为曲线长度的下确界的距离也就被确定了. 因此,光滑曲线的内蕴度量是由第一基本形式来确定的.

专门研究曲面上由第一基本形式决定的几何学称为内蕴几何学,它在高维的推广就是现在所称的黎曼几何学. 因此,我们说高斯通过推

广度量概念(勾股定理)引进了第一基本形式,从而解决了展开其内蕴几何的基础——度量问题. 这是几何学历史上的一次重大的突破.

本章我们将以现代微分几何学的观点,深入地分析与研究高斯的光辉著作《关于曲面的一般研究》所蕴含的思想和方法,从而揭示高斯内蕴微分几何学的基本思想. 我们将根据高斯的论文所涉及的内容分为若干部分进行论述.

5.1 曲面论的预备知识(第 1~3 节)

高斯在论文的第 1~3 节,首先给出了曲面论的一些预备知识. 这不仅仅是综述了一些观念性的约定和一些(基本上是已知的)球面三角学的结果,而且为其后面要引进的一个重要概念"高斯映射"作了重要的准备. 同时对于曲面论所研究的曲面类型也作了严格的限制,即限制在所谓的正则曲面上.

具体的,我们简述如下:

高斯在开篇的第 1 节中就指出:"当研究涉及空间中很多个不同直线的方向时,如果我们引进一个半径为单位长度、以任意点为中心的辅助球面,并假定用球面上不同的点表示不同的直线的方向(该方向与以球面上的点为端点的半径平行),那么,我们的研究将获得高度的明晰和简单."

这里,高斯定义了**单位球面上**的点的概念,为后面的高斯映射概念的引进作好了准备. 我们知道,高斯映射的概念在内蕴微分几何学中是一个非常重要的概念,因为它直接与内蕴微分几何的核心概念"高斯曲率"相关. 我们注意到在文献[2]中并没有注意到的这一用意. 用现代的语言来说就是,单位球面上的点为:

$$S^2 = \{ \boldsymbol{a} = (a_1, a_2, a_3) \in E^3 \mid <\boldsymbol{a}, \boldsymbol{a}> = 1 \}, \qquad (5-1)$$

这里以及后文中,我们如现在通常表示的那样,以 $<\cdot, \cdot>$ 和 $\cdot \times \cdot$ 表示 E^3 中的标准内积和叉积.

另外,高斯在文章中用(1),(2),(3)表示 E^3 中的标准基向量(1,0,0),(0,1,0),(0,0,1),并且规定了坐标象限及其正方向.

在第 2 节中,利用单位球面 S^2 上大圆的弧长以及 S^2 上的大圆之间的夹角分别定义了 E^3 中的线线、面面以及线面间的夹角,并证明了下列恒等式:

$$< \boldsymbol{a} \times \boldsymbol{b}, \tilde{\boldsymbol{a}} \times \tilde{\boldsymbol{b}} > = <\boldsymbol{a}, \tilde{\boldsymbol{a}}> <\boldsymbol{b}, \tilde{\boldsymbol{b}}> - <\boldsymbol{a}, \tilde{\boldsymbol{b}}> <\boldsymbol{b}, \tilde{\boldsymbol{a}}>$$

$$\text{对任意的 } \boldsymbol{a}, \boldsymbol{b}, \tilde{\boldsymbol{a}}, \tilde{\boldsymbol{b}} \in S^2 \text{ 成立.} \qquad (5-2)$$

当 $\boldsymbol{a} \neq \boldsymbol{b}, \tilde{\boldsymbol{a}} \neq \tilde{\boldsymbol{b}}$ 时, 可以把 $(5-2)$ 看成球面 S^2 上大圆的弧 $(\boldsymbol{a}, \boldsymbol{b})$ 和 $(\tilde{\boldsymbol{a}}, \tilde{\boldsymbol{b}})$ 之间的夹角的计算公式.

关于公式 $(5-2)$, 高斯在他的"一般研究"的草稿中 ($[3]$, 416 页) 评价道:"我们增加另一个定理, 这个定理就我们的知识而言在别处仍未出现, 但这个定理可以经常地很有益地被应用." (也可见"一般研究"一文之摘要)

我们要说明的是, 公式 $(5-2)$ 现在通常称为拉格朗日 (J. L. Lagrange, 1736—1813) 恒等式. 然而, 支持这一说法的拉格朗日的文章中所通常引用的公式, 并没有明确地包含公式 $(5-2)$, 仅给出如下的公式 ($[4]$, 580—581 页):

$$< \boldsymbol{a}_1 \times \boldsymbol{a}_2, \boldsymbol{a}_3 >^2 = \det(< \boldsymbol{a}_i, \boldsymbol{a}_j >), i,j = 1,2,3, \boldsymbol{a}_1, \boldsymbol{a}_2, \boldsymbol{a}_3 \in E^3.$$

特殊情形, 即当 $\boldsymbol{a}_3 = \boldsymbol{a}_1 \times \boldsymbol{a}_2$ 时, 有

$$< \boldsymbol{a} \times \boldsymbol{b}, \boldsymbol{a} \times \boldsymbol{b} > = < \boldsymbol{a}, \boldsymbol{a} >< \boldsymbol{b}, \boldsymbol{b} > - < \boldsymbol{a}, \boldsymbol{b} >^2, \boldsymbol{a}, \boldsymbol{b} \in E^3.$$

当然, 通过配极变换, 等式 $(5-2)$ 可以从这个等式推导出来.

进一步, 高斯导出了球面 S^2 上顶点为 $\boldsymbol{a}, \boldsymbol{b}, \boldsymbol{c}$, 角度为 α, β, γ, 边长为 a, b, c 的测地三角形的球面三角学的基本恒等式:

$$\sin \alpha \cdot \sin b \cdot \sin c = \sin \beta \cdot \sin a \cdot \sin c = \sin \gamma \cdot \sin a \cdot \sin b$$
$$= \pm \mid < \boldsymbol{a}, \boldsymbol{b} \times \boldsymbol{c} > \mid,$$

等式右边 (独立于所取顶点的顺序) 是顶点为 $\boldsymbol{0}, \boldsymbol{a}, \boldsymbol{b}, \boldsymbol{c}$ 的四面体的体积的 6 倍.

在第 3 节中, 高斯首先给出了曲面上的一点处具有"连续的曲率"的概念:

如果从 A 点到曲面上与 A 点相距无穷小距离的点的所有直线的方向, 与通过点 A 的同一个平面上的直线方向的偏斜为无穷小, 那么我们就称一个曲面在一点 A 处具有连续的曲率.

用现代的语言就是, 高斯在此阐述了 E^3 中的曲面 M 在一点 $A \in M$ 处的"光滑性". 把这一性质解释为存在一个通过 A 点的平面 (即切平面 $T_A M$), 该平面包含了当 B 趋向于 A 时的所有的直线 $\overline{AB}$ 的极限位置, 这里 $B \in M \backslash \{A\}$.

高斯进一步指出:"下面的研究将被严格地限制在这样的曲面, 或这样的曲面的一部分, 即具有连续的曲率而无处中断." 我们知道, 具有

这样的性质的曲面就是所谓的正则曲面.

5.2　曲面的参数表示（第 4～5 节）

古典的微分几何,在 19 世纪最初的十年间,获得了新的冲击,其中最重要的观念即来自高斯对于曲面的研究.

高斯利用了一个新的原理,即曲面的内蕴性质,也就是说,那些只在曲面上作研究即可以获得的性质,而与曲面所处的三维空间无关. 他致力于研究曲面的局部性质,比如说,沿着曲面上某曲线作微小运动时,所能叙述的曲面性质. 自此以后,这个原理一直支配着微分几何与拓扑学的发展.

高斯的新的"内蕴"几何,与他的空间曲面方程式的表示方法有密切关系. 这个表示方法就是所谓的"曲面的参数表示".

我们知道,在航海中,我们并不以相交于地球球心的三条互相垂直的轴为坐标系统(直角坐标系统),而是用纬度与经度. 纬度与经度是球面上的"自然坐标",它们可以用来表示球面上的曲线,而与环绕空间无关. 可能正是由于人们早就有了地球上纬度与经度的观念,因此高斯能够运用以纬度与经度来表示地球表面上的点的形式来表示空间曲面的思想. 高斯的"曲面的参数表示"的思想与他的大地测量工作的实践是有着密切的关系的.

实际上,欧拉(Leonard Euler,1707—1783)早在 1727 年的论文《论表面可以展开的立体》中就引进了曲面的参数表示的思想([5],312页),即曲面上的任意一点的坐标 (x,y,z) 可以用两个参数 u,v 表示,从而曲面的方程可以这样给出:

$$x = x(u,v), \quad y = y(u,v), \quad z = z(u,v),$$

或者写成向量的形式:

$$\boldsymbol{r} = \boldsymbol{r}(x(u,v),y(u,v),z(u,v)).$$

高斯的出发点是运用这个参数表示对曲面进行系统的研究.

在第 4 节中,高斯首先指出:"利用 A 点处的切平面的法线方向(这一方向也称为 A 点处的曲面的法向)来确定切平面的定向,这对于切平面的定向的研究会很方便. "然后,用无穷小分析方法得到了曲面上的点 (x,y,z) 到邻近的点 $(x+\mathrm{d}x,y+\mathrm{d}y,z+\mathrm{d}z)$ 的无穷小距离微元 $\mathrm{d}s$ 的方向与法向 (X,Y,Z) 的关系:

$$X\mathrm{d}x + Y\mathrm{d}y + Z\mathrm{d}z = 0.$$

接下来,高斯利用上述结果分别在曲面的三种表示形式下推导出确定曲面的法向的公式. 我们以第二种表示（即曲面的参数表示）为例来说明高斯的方法.

将坐标表示为两个变量 p,q 的函数形式. 假设这些函数的微分为

$$dx = adp + a'dq,$$
$$dy = bdp + b'dq,$$
$$dz = cdp + c'dq,$$

用这些值替换上述已经给出的公式,我们得到

$$(aX + bY + cZ)dp + (a'X + b'Y + c'Z)dq = 0,$$

由于这个方程必须独立于微分 dp,dq 的值而成立,显然有

$$aX + bY + cZ = 0, \quad a'X + b'Y + c'Z = 0.$$

从这里我们看出,X,Y,Z 将分别成比例于数量

$$bc' - cb', \quad ca' - ac', \quad ab' - ba',$$

因此,为简洁,若令

$$\sqrt{(bc'-cb')^2 + (ca'-ac')^2 + (ab'-ba')^2} = \Delta,$$

我们有

$$X = \frac{bc'-cb'}{\Delta}, \quad Y = \frac{ca'-ac'}{\Delta}, \quad Z = \frac{ab'-ba'}{\Delta}$$

或者

$$X = \frac{cb'-bc'}{\Delta}, \quad Y = \frac{ac'-ca'}{\Delta}, \quad Z = \frac{ba'-ab'}{\Delta}.$$

因此,高斯利用无穷小分析方法,得到了曲面上任意点处的法向.而这对于确定高斯映射以及高斯曲率有着重要的意义.

用现代微分几何学的观点来看,高斯在第 4 节所讨论的内容可以表达如下:在 E^3 中某些定向曲面 M 的特殊表示下,法向量可以计算出,因此,可以选择一个定向单位法向量场. 更准确地说就是:

如果 M 是一个可微函数 $\varphi:U\to\mathbf{R}$ 的等位面

（这里 $U\subseteq E^3$ 是一个开集,对任意 $A\in M, d_A\varphi\neq0$）;　(5-3)

或者

M 是一个浸入 $f:U\to E^3$ 的像

（这里 U 是 $\mathbf{R}^2$ 中 (u,v)-平面中的开集）;　(5-4)

或者

M 是 E^3 中的一个函数 $z(x,y):U\to\mathbf{R}$ 的图像

（这里 U 是 $\mathbf{R}^2$ 中的开集）,　(5-5)

那么,上述三种表示下曲面的"外单位法向量场"就定义为分别成比例于

$$\text{grad } \varphi \big|_M, \quad f_u \times f_v, \quad (-z_x, -z_y, 1). \qquad (5-6)$$

在第 5 节中,高斯分别对三种表示形式的曲面讨论了曲面的定向问题. 其中对于曲面的参数表示的情形,实际上已经得到了我们现在所说的曲面上的曲纹坐标网的概念.

5.3 高斯映射与高斯曲率和全曲率(第 6 节)

众所周知,曲率的概念在微分几何学中处于核心的地位. 对此,我国著名的指标理论专家虞言林教授指出:"1827 年高斯证明了一个极为著名的定理——绝妙定理;1854 年黎曼在他的就职演说中提出了黎曼几何学的构想. 这是微分几何学在诞生过程中的两件大事,其核心可以说成从第一基本形式出发计算曲率的过程. 这一过程实际上是异常复杂的,以致在黎曼身后,不少著名的几何学家忙了半个多世纪才算真正弄清楚. 在弄清这一过程期间还产生了一个联络的概念. 这是一个新的重要发现,如果用精确的数学语言来说,上面谈到的整个事件包含了黎曼度量、联络、曲率的定义,以及一个由黎曼度量算出联络再进而算出曲率的算法,等等."([6],7 页)由此可见曲率的概念在微分几何学中的重要性.

在上一章,我们已经指出高斯于 1822 年解决的哥本哈根科学院的征奖问题在他创立的内蕴微分几何学中的重要地位和意义. 正是在寻求这一征奖问题的过程中,高斯意识到曲面研究的中心问题是曲率问题([7],598 页),尤其是解决了他一直以来考虑的由曲面的解析描述计算出曲率的问题. 高斯终于将他早年发现并经过了多年思考的曲面理论的三个中心的也是全新的重要概念,即高斯映射、高斯曲率和全曲率的概念,总结于他的《关于曲面的一般研究》之中. 这就是该文的第 6 节的核心内容.

在这一节,高斯首先指出:"正如通过把曲面的法线方向平移到球面上,得到曲面上的每一个确定的点与球面上一个确定的点相对应,对于任意的曲线或图形,我们也可以用与前者相应的球面上的曲线或图形来表示. 用这种方法来比较相互对应的两个图形,其中的一个可以看成另一个的像. "这就是高斯映射的概念,如图 5-1 所示.

用现代的语言来说就是如下高斯映射的定义.

定义:对于 E^3 中具有连续的单位法向量场的曲面 M,从 M 到单位球面的映射定义为

$$\xi: M \to S^2. \qquad (5-7)$$

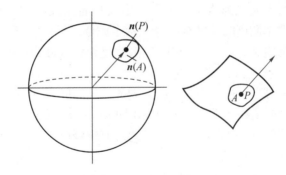

图 5 - 1　高斯映射

这就是著名的高斯映射，引进这一映射的思想，高斯在他的《关于曲面的一般研究》的摘要中作了如下的解释性注记："这与天文学中常用的做法不谋而合，在那里，所有的方向由一个假想的半径无限大的球形天体上的点表示."除了用公式表达以外，高斯在很多地方应用它，在那里，一点 $A \in M$ 在映射（5 - 7）下的像 $\xi(A) \in S^2$ 作为点 A 的"天顶"（［3］,436 页).

高斯映射的概念的意义是重大的. 根据高斯映射，很明显，当曲面 M 弯曲得很厉害时，它的法向量的变化就比较大. 因此，曲面的高斯映射的像的面积的大小就反映了曲面的弯曲程度，这正是高斯观察曲面形状的出发点.

接下来高斯给出了 E^3 中曲面 M 的一个紧子集 D 的"总曲率"的绝对值（曲率积分）的定义，把它定义为 S^2 中的球面映像的面积 $\xi(D)$. 高斯称此定义是一个"十分自然的想法"（［8］,566 页).

然后，高斯定义了曲面 M 上一点 A 处的"弯曲性的度量"（即曲率测度）$K(A)$，这就是我们今天熟知的曲面 M 上一点 A 处的高斯曲率 $K(A)$，高斯称之为曲率测度（measure of curvature）. 高斯将其定义为："（曲率测度）涉及曲面上的一个点，并且可以表示为一个商数，这一商数为关于这一点的面积元素的曲率积分除以这一点的面积元素本身；因此它表示为曲面上的无穷小面积和相应的附属球面上的无穷小面积之比."

用现代形式表达就是

$$|K(A)| = \lim_{\varepsilon \to 0} \frac{\text{面积}(\xi(D_\varepsilon))}{\text{面积}(D_\varepsilon)}, \tag{5 - 8}$$

这里 D_ε 是 M 中点 A 的紧 ε-邻域.

当然，高斯本人并没有将曲率测度定义为极限，而仅将之视为无穷小面积之比,他凭几何直觉确信所下定义是有意义的. 在我们今天看来,高斯的曲率测度的定义至少存在两个问题. 第一,在任意一个曲面上,面积如何定义? 第二,若极限存在,它是否和区域的收缩方式无关? 高斯并没有谈到这些问题([7]).

接下来,高斯论述了有关保持定向的性质等问题. 也就是高斯曲率 $K(A)$ 的符号的拓扑性质,即 $K(A) > 0$ 和 $K(A) < 0$ 作为曲面 M 在点 A 的弯曲状况是"驼峰形"和"马鞍形"的几何解释(参见 $(5-14)$ 式),当然,这不是 $K(A)$ 的定义本身.

如果 $|K(A)| \neq 0$,那么 $K(A)$ 定义为正的或负的取决于在 A 点的高斯映射的微分是否保持定向,这里,映射 ξ 的一个伴随的 E^3 中的平移 τ 将 $\xi(A)$ 拉回到 A,换句话说,是在 A 点处的 M 的切平面到其自身的线性映射 $\tau \circ \xi_* |_A : T_A M \to T_A M$. 这种保持定向的性质是由高斯拓扑地定义的,一方面,曲面 M 上过 A 点的横截曲线的相交数对通过映射 ξ 得以保持,另一方面,由映射 ξ 的性质得到,该映射将 ∂D_ε 环绕 D_ε 的环绕方向("D_ε 在 ∂D_ε 的左侧",见 $(5-8)$)映到 $\xi(\partial D_\varepsilon)$ 环绕 ∂D_ε 的相同环绕方向([3], 425 页).

有了高斯曲率的概念,高斯最后"指定整个图形的曲率积分为相应的单个小块的曲率积分总和. 所以,一般地,一个图形的曲率积分等于 $\int K \mathrm{d}\sigma$. 这里 $\mathrm{d}\sigma$ 表示图形的面积元素,K 为任意一点的曲率测度". 用现代的语言表达就是,E^3 中的一个定向曲面 M 的任意一个紧子集 D 的总曲率(具有适当的符号)可以定义如下:

$$\text{区域 } D \text{ 的总曲率}(\,=\text{区域 } D \text{ 的曲率积分}) = \int_D K \mathrm{d}\sigma\,,$$

这里 $\mathrm{d}\sigma$ 为定向曲面 M 的面积元素,K 为高斯曲率.　　$(5-9)$

高斯在引进了这三个内蕴微分几何的重要概念之后,接下来的问题当然就是如何计算高斯曲率以及总曲率. 这将涉及高斯的绝妙定理和高斯－博内定理,它们构成了高斯内蕴微分几何学的精髓. 这就是我们下面要考察的高斯所要解决的重要课题.

5.4　高斯方程与高斯的"绝妙定理"（第 7~12 节）

在 1827 年的论文中,高斯证明了曲率测度 K(即高斯曲率)是一个保长不变量. 这个定理在微分几何与广义相对论中占有中心的地位.

高斯本人称这个非常好的结果为"theorema egregium",即绝妙定理. 1825 年他写信给天文学家汉森时,他可能正在想这个定理,他这样写道：

> "这些研究深深地影响了许多其他的事情；我可以更进一步地
> 这样说，它们跟空间几何学的存在与真实性等都有关系."

从上面的这段话，我们可以看到高斯实际上已经洞察到空间的非
欧本质. 我们后面将要进一步揭示出：正是高斯曲率、高斯的绝妙定理、
高斯 – 博内定理等重要概念和定理的发现和证明，才真正地揭示出几
何空间的本质，特别是欧几里得几何与非欧几何的内在的本质联系.

在《关于曲面的一般研究》的第 7 ~ 10 节，高斯详细研究了 E^3 中一
个曲面 M 的三种表示形式下的高斯曲率 K 的计算公式，以及 K（的绝
对值和符号）的著名的"外蕴"解释. 我们从中可以看到其计算量是惊
人的. 这里我们再一次看到了高斯的研究风格：从严格的、复杂的、惊人
的计算中发现惊人的真理！

我们用现代的语言具体来说就是，如果曲面 M 是以 (5 – 5) 的形式
$z = z(x, y)$ 给出的（独立地有 (5 – 3)、(5 – 4) 两种形式），那么高斯证明
了高斯曲率的如下公式：

$$(1 + z_x^2 + z_y^2)^2 K = z_{xx} z_{yy} - z_{xy}^2. \qquad (5 – 10)$$

注意到高斯从公式 (5 – 10) 推导出下面的结果：

定理：对于 E^3 中的一个曲面 M 上的每一点 A，有

$$K(A) = k_1 k_2,$$

这里 k_1 和 k_2 是通过 A 点的那些平面曲线的（定向）曲率的极值，这些
平面曲线是过曲面 M 在 A 点处的法向的平面与曲面的截线.

然而，$K(A) > 0$ 或 $K(A) < 0$，则取决于曲面 M 在点 A 处的截线是
"凸 – 凸形"（也就是"驼峰形"）或者"凹 – 凸形"（即"马鞍形"）的.

高斯在第 8 节的最后指出：

> "同时，显然有：曲率测度对于凹 – 凹或者凸 – 凸曲面（这个
> 区别是非本质的）为正，但对于凹 – 凸曲面为负. 如果曲面由
> 相应于这两种情形的部分所组成，那么在分隔这两种情形的
> 曲线上，其曲率测度应该为零. 后面，我们将对曲率测度处处
> 为零的曲面的性质作仔细的研究. "

实际上，高斯在这里得到了曲面的分类问题——空间曲面在一点
邻近的结构问题——的解决.

对于曲面的另外两种形式的表示，高斯也推导出了高斯曲率的计

算公式. 在普通方程 $\varphi = \varphi(x, y, z)$ 的表示形式 $(5-3)$ 下,高斯曲率的计算公式为

$$(\varphi_x^2 + \varphi_y^2 + \varphi_z^2)K = (\varphi_{yy}\varphi_{zz} - \varphi_{yz}^2)\varphi_x^2 + (\varphi_{xx}\varphi_{zz} - \varphi_{xz}^2)\varphi_y^2 + (\varphi_{xx}\varphi_{yy} - \varphi_{xy}^2)\varphi_z^2$$

$$-2\left(\begin{vmatrix} \varphi_{xy} & \varphi_{xz} \\ \varphi_{zy} & \varphi_{zz} \end{vmatrix} \varphi_x\varphi_y + \begin{vmatrix} \varphi_{yz} & \varphi_{yx} \\ \varphi_{xz} & \varphi_{xx} \end{vmatrix} \varphi_y\varphi_z + \begin{vmatrix} \varphi_{xz} & \varphi_{xy} \\ \varphi_{yz} & \varphi_{yy} \end{vmatrix} \varphi_x\varphi_z \right).$$

$$(5-11)$$

在参数表示 $\boldsymbol{f} = \boldsymbol{f}(u, v)$ 的形式 $(5-4)$ 下,高斯曲率的计算公式为

$$\| \boldsymbol{f}_u \times \boldsymbol{f}_v \|^4 K = < \boldsymbol{f}_u \times \boldsymbol{f}_v, \boldsymbol{f}_{uu} > \cdot < \boldsymbol{f}_u \times \boldsymbol{f}_v, \boldsymbol{f}_{vv} > - < \boldsymbol{f}_u \times \boldsymbol{f}_v, \boldsymbol{f}_{uv} >^2.$$

$$(5-12)$$

这是一个非同寻常的公式. 我们将会看到在第 11 节中,高斯引进了适当的记号(即曲面的第一基本形式)后,发现高斯曲率只与第一基本形式的系数(称为第一类基本量)及其偏微分有关,这就是高斯所发现的高斯方程,并导致绝妙定理的发现.

第 11 节包含了整个"一般研究"的中心结果的公式. 设曲面 M 的方程以参数表示的形式 $(5-4)$ 给出,且设

$$E = < \boldsymbol{f}_u, \boldsymbol{f}_u >, \quad F = < \boldsymbol{f}_u, \boldsymbol{f}_v >, \quad G = < \boldsymbol{f}_v, \boldsymbol{f}_v >. \quad (5-13)$$

这个概念是高斯所用的,这里高斯实际上已经引进了曲面的第一基本形式和第一类基本量的概念. 高斯经过惊人而复杂的计算,最后得到了我们今天所知的著名的高斯方程:

$$4(EG - F^2)^2 K = E(E_vG_v - 2F_uG_v + G_u^2)$$

$$+ F(E_uG_v - E_vG_u - 2E_vF_v + 4F_uF_v - 2F_uG_u)$$

$$+ G(E_uG_u - 2E_uF_v + E_v^2)$$

$$- 2(EG - F^2)(E_{vv} - 2F_{uv} + G_{uu}). \quad (5-14)$$

在第 12 节中,高斯给出了公式 $(5-14)$ 的几何解释,在下列定理中达到了"一般研究"的顶峰,这就是著名的绝妙定理——高斯曲率在等距变换下为不变量:

绝妙定理:如果 E^3 中的一个曲面可以等距地映射到另一个曲
面上,那么在每一相应点处的高斯曲率的值保持不变. $(5-15)$

从这里,高斯推导出了下列的结果:

推论:E^3 中的两个曲面之间的一个等距变换保持相应的紧子
集的总曲率不变(见 $(5-9)$). $(5-16)$

以及

在一个可展开到一个平面的曲面上,其曲率测度处处为零. 由此我们立刻可以得到可展曲面的特征方程为

$$z_{xx} \cdot z_{yy} - z_{xy}^2 = 0, \tag{5-17}$$

其中 z 看成 x,y 的函数(见 $(5-5)$、$(5-10)$).

该方程已为前人所知,但是在高斯看来其必要的严格形式迄今没有建立起来.

我们注意到,如果与后来通常使用的术语相对照(特别是 W. Blaschke 所用的术语),高斯自己仅称 $(5-15)$ 为"绝妙定理",而不是方程 $(5-14)$. 他仅是说到公式 $(5-14)$ 自动地导出了"绝妙定理".

"绝妙定理"也经常作为高斯曲率是"弯曲的不变量"的一个定理被引用,这个术语也许是 1883 年首先由 J. Weingarten 所引进的([9],182 页). 由于存在 E^3 中的曲面,它可以等距变换,但却不能"弯曲"(也就是说,通过 E^3 中的一族连续的等距浸入变换)到另一个曲面上. "高斯曲率在等距变换下为不变量"这一标题,证明是最恰当地表达了绝妙定理的内容,这一解释也更符合并贴近高斯本人的意图.

在接下来由高斯本人在别处给出(在高斯的笔记中,先于"一般研究"的发表,见[3],372 页)的推论 $(5-16)$ 的变式表明,几乎可以确定,在高斯的心里已经有了在等距变换下不变性的思想,而不仅仅是在"弯曲变形"下不变性的思想. 我们知道,这两个思想是有区别的,所谓"弯曲变形"是指 E^3 中的曲面的一个连续形变,这个形变保持子空间的内在度量,即曲面上曲线的弧长;而等距变换下不变性的思想则要深刻得多,它实际上已经包含变换群的思想在其中.

根据这个推论,曲面上一个"图形"的总曲率是相同的,而不管这个曲面在空间的"假定"的形状如何. 如果注意到后面将要考察的高斯－博内定理,曲面的总曲率直接联系着空间的非欧测度,那么我们就可以认识到高斯的这一发现在几何学的历史上是何等的深刻和具有革命性.

5.5 内蕴微分几何学的计划（第13节）

在第 13 节,高斯勾画出了他的"曲面的内蕴微分几何学"(正如今天所称的)的著名的计划. 这里我们引述高斯于 1827 年所作的《关于曲面的一般研究》一文的摘要中的一段原文. 在解释了结果 $(5-14)$、

(5 – 15)、(5 – 16)、(5 – 17) 之后, 高斯继续说道:

> "这些定理使得我们以一个新的角度来考虑曲面理论——这个广袤而尚待开发的处女地. 如果我们不是将曲面看为几何体的边缘, 而是看成某一个维度消失了的三维立体, 同时如果我们认定它们只具有柔韧性而没有延展性, 那么有两种本质上不同的表述必须加以区分. 其一是预先假定空间曲面已经具有确定形状的那类论述, 另一类论述则与曲面可能具有的形状无关. 本书涉及的是后一类. 根据我们前面所述, 可知曲率测度即属于此类. 考察曲面上的图形, 容易看出它们的夹角、面积、总曲率, 以及两点之间的最短连线之类, 均属于这类情形. 所有这些论断必定出自于曲面上用形如 $\sqrt{Edp^2 + 2Fdpdq + Gdq^2}$ 的线元素给出的属性. "　　　　　(5 – 18)

在这里高斯提出了一个全新的概念: 即一个曲面本身就是空间! "考虑曲面非为体的边界, 而是看成某一个维度消失了的体. " 而高斯以前的几何学家在研究曲面时, 总是将曲面与外围空间相联系, 高斯论述的几何学则是 "与曲面可能具有的形状无关", 即与外在空间无关. 从而建立了以研究曲面的内在性质为主的内蕴几何学, 开创了微分几何的新时代.

从高斯的摘要中抽出的下面一段, 实质是高斯对他的 "一般研究" 的第 13 节内容的一个精要的转述, 除了其中的一个句子之外, 我们在此陈述这一段, 因为它很好地表达了高斯的计划 (5 – 18) 的基本思想:

> "按照这个观点, 对于平面和可以展开为平面的曲面 (例如圆柱面、圆锥面等), 本质上可以认为是相同的. "　　　　(5 – 19)

高斯继续说道:

> "按照这个观点, 对于曲面的一般表达式来说, 现在的出发点是形式 $\sqrt{Edp^2 + 2Fdp \cdot dq + Gdq^2}$, 它表达了弧长元素和两个变量 p, q 间的关系. "　　　　(5 – 20)

高斯正是以此为出发点, 系统地研究了曲线的长度、曲线间的夹角、区域的面积、曲线的测地曲率, 最后是曲面在给定点处的曲率度量, 或者如高斯所确切地说的曲面的比值曲率 (与总曲率——曲率积分式——不同, 它等于球面表示的面积) 可以用系数 E, F, G 或者其偏微商的已知公式来表示.

利用曲面上的坐标和二次形式 $\mathrm{d}\boldsymbol{r}^2 = \mathrm{d}s^2 = E\mathrm{d}p^2 + 2F\mathrm{d}p\mathrm{d}q + G\mathrm{d}q^2$,高斯给出了研究正则曲面上内蕴几何学的一般解析方法. 高斯和他的继承者们证明了许多内蕴几何学的定理,正如高斯自己所说的那样"开辟了几何学上新的富有成果的领域".

第13节在一句预告性的话语中结束:为了进一步阐述计划(5 - 18),下文将首先讨论弯曲空间中的最短路径的基础理论的要点.

5.6 测地线与高斯引理(第14~16节)

在第14~16节中,高斯导出了 E^3 中的曲面 M 的特定的法测地线族的基本性质. 这些就是我们今天所知道的曲面 M 上的指数映射的基本性质——高斯引理. 具体如下.

在第14节,高斯利用弧长的变分方法建立了 E^3 中一个给定曲面 M 的法测地线的常微分方程. 事实上,1744年欧拉已经发现并利用外蕴的条件得到了这一常微分方程的表达式([10]):考虑 E^3 中的一条曲线(也就是考虑在这条空间曲线的非临界点的曲线的主法向量),曲面 M 的一条法测地线的加速度向量总是正交于曲面 M.

在第15和16节,高斯考虑了具有如下特点的测地线的问题,即"考虑从曲面上一给定点 A 出发的一组无数条的最短线,在这些最短线中,具有相同弧长 r 的所有的最短线的端点在另一条曲线上". 这就是所谓的曲面上从一点出发的测地线与以该点为中心的测地圆之间的关系问题.

高斯得到并证明了现在所称的"高斯引理":

在一个曲面上,如果作从同一初始点出发的具有相同弧长的一族最短线,那么连接它们的端点的曲线将正交于最短线族中的每一条线.　　　　　　　　　　　　　　　(5 - 21)

这个定理具有重要的几何意义. 我们用现代的语言表述如下:

定理(现称为"高斯引理"):设 M 是 E^3 中的曲面,I, J 是 $\mathbf{R}$ 中包含原点 O 的区间,并设 $f: I \times J \to M$ 是从 (u, v)-平面 $\mathbf{R}^2$ 的矩形 $I \times J$ 到 M 上的可微映射,使得对所有的 $v \in J$,有

$$f(\cdot, v): I \to M(u \to v) \text{ 是 } M \text{ 上的正规测地线,} \quad (*)$$

且

$$< f_u(0,v), f_v(0,v) > = 0, \qquad (**)$$

那么

$$< f_u(u,v), f_v(u,v) > = 0 \text{ 对所有的} (u,v) \in I \times J \text{ 成立.}$$

$$(***)$$

$$(5-22)$$

用更几何化的语言来说就是,如果 f 的 u-参数曲线都是 M 上的正规测地线(见($*$)式),该测地线正交于 f 的至少一条 v-参数曲线,那么 f 的 u-参数曲线和 f 的 v-参数曲线构成曲面 M 的一个正交参数曲线网(见($***$)式).

在两种特殊的情况下,即 $f(0, \cdot):J \to M$ 是常向量,或者是一个浸入映射时,我们可以从(5-22)(分别地)获得如下的内蕴微分几何学的结果:

在 E^3 中,从曲面 M 的一个固定点出发的具有定弧长 ε 的所有测地射线的端点位于一条曲线上,这条曲线垂直于这些测地射线(并且对于 $\varepsilon > 0$ 的任意小的值,这条曲线正好是 M 中所谓的以 A 为球心、ε 为半径的球的表面). (5-23)

在 E^3 中,从曲面 M 的一条正规曲线 C 上的点出发,且垂直于曲线 C 的具有定弧长 ε 的测地线的端点位于一条垂直于这些测地线的曲线上(并且对于任意小的 $\varepsilon > 0$,这条曲线正是所谓的 M 中的具有距离 ε 的曲线 C 的平行曲线). (5-24)

我们注意到,在第 15 节中,高斯仅明确地证明了结果(5-23).但是,他在第 16 节中特意地陈述了他在第 15 节中(5-23)的证明,不用任何分析上的修改立即可以导出一般的结果(5-22)和(5-24).高斯这样说道:

"关于这个定理的证明与上一节的分析相似,除了 ϕ 表示给定曲线上的从任意点作得的弧长以外而无须什么变化;更确切地说,是这个弧长的函数.由此所有的推理在这里将仍然成立,经过这样的修改,那么对于 $r = 0$ 时,$s = 0$ 现在就包含在假设本身之中了.而且,这个定理比上一节中的定理更一般了.因为,如果我们把给定的曲线取成以点 A 为中心画出的无穷小的圆的话,那么我们可以认为它包含了第一个定理."

用现代的术语,(5 – 22)的(∗)式中关于 f 的假设正是

$$f(u,v) = \exp^M_{f(0,v)}(u, f_u(0,v))$$

和

$$\| f_u(0,v) \| = 1, \text{对任意的} (u,v) \in I \times J.$$

所以,结论(5 – 22)的(∗ ∗ ∗)式是一个关于 M 上的指数映射 $\exp^M$ 的可微性的陈述. 特别地,(5 – 23)导出了指数映射 $\exp^M_A|_*$ 的著名的性质,这就是今天被引用的所谓的“高斯引理”. (5 – 24)给出了 M 中的曲线的由指数映射 $\exp^M$ 所诱导出的测地管状邻域的类似性质.

5.7　角度的变分与列维－奇维塔平行移动（第17~18 节）

在第 17 节中,高斯又从曲面的线元素 $\sqrt{Edp^2 + 2Fdp \cdot dq + Gdq^2}$ 出发,利用曲面的参数表示,首先研究第一基本形式的系数 E, F, G 的几何意义,进而利用这些系数讨论曲面上的两族参数曲线网所成的角、曲面上的面积元素以及曲面上的任意一弧长元素与两族参数曲线网中的一族曲线所成的角等.

用现代微分几何学的语言来说就是,高斯考虑 E^3 中曲面 M 的参数表示,即 $f: U \to E^3$,那么在曲面 M 上点 $f(u,v)$ 处的一个单位切向量 $\boldsymbol{a}$ 与过点 $f(u,v)$ 的 u-参数曲线的切向量 $f_u(u,v)$ 之间的定向夹角就可以由唯一的数 $\theta(\boldsymbol{a}) \in [-\pi, \pi]$ 给定,使得

$$\cos(\theta(\boldsymbol{a})) = \frac{<f_u, \boldsymbol{a}>}{\sqrt{E}}, \quad \sin(\theta(\boldsymbol{a})) = \frac{<Ef_u - Ff_u, \boldsymbol{a}>}{\sqrt{E}\sqrt{EG - F^2}}.$$

$$(5 - 25)$$

在接下来的第 18 节中,高斯利用弧长的变分方法来研究曲面上的一条曲线为测地线的条件. 高斯说道:

“由于它的长度 s 可以用积分表示为

$$s = \int \sqrt{Edp^2 + 2Fdpdq + Gdq^2},$$

为了达到最小值的条件,要求由曲线的位置的一个无穷小变化所引起的这个积分的变分为零. ”

然后,高斯通过一系列的计算,得到了一条曲线为测地线的分析条件:

$$\sqrt{EG - F^2} \cdot d\theta = \frac{1}{2} \cdot \frac{F}{E} \cdot dE + \frac{1}{2} \cdot \frac{\partial E}{\partial q} \cdot dp - \frac{\partial F}{\partial p} \cdot dp - \frac{1}{2} \cdot \frac{\partial G}{\partial p} \cdot dq.$$

如果用现代微分几何学的语言来说,在这里高斯实际上已经引进

了一个微分 1-形式,这就是所谓的 f 的角度的变分,定义为

$$\Theta = \frac{1}{2\sqrt{EG-F^2}} \left(\frac{F}{E}dE + E_v du - G_u dv - 2F_u du \right), \quad (5-26)$$

并且证明了,如果 $C:[0,\sigma] \to M$ 是一条夹角为 θ 的正规测地线,且对所有的 $s \in [0,\sigma]$,$\theta(\dot{c}(s)) \neq \pi$,那么

$$(\theta(\dot{c}))' = \Theta(\dot{c}), \text{ 也就是 } \int_c \Theta = \theta(\dot{c}(\sigma)) - \theta(\dot{c}(0)). \quad (5-27)$$

这就是说,积分 $(5-27)$ 度量了曲线 C 上介于测地线的速度向量与 f 的 u-参数曲线的正向之间的定向角度 θ 的变分.

我们注意到,前面的陈述也可以表达如下:积分 $(5-27)$ 度量了曲线 C 上介于 u-参数曲线上的正向切向量场 f_u 与测地线 c 的方向之间的角度 θ 的变分. 因此,如果我们利用列维–奇维塔平行移动的观点(这一观点当然高斯没有),并且考虑在列维–奇维塔平行移动的意义下 $\dot{c}$ 沿着 c 的平行移动,那么前面的公式导出 $(5-27)$ 式的下列有趣的解释:

积分 $(5-27)$ 度量了一个角度,该角度由正切向量场方向与曲线 C 的 u-参数曲线 f_u 所构成,并且是沿着曲线 C 的列维–奇维塔平行移动方向变化的. $\qquad (5-27')$

从上面的分析,我们可以看到,高斯在这里所得到的结果实际上已经得到了平行移动的概念. 但是,对这一概念的明确的说明到 1916 年才由列维–奇维塔(1873—1941)给出. 1917 年,列维–奇维塔发表了论文《关于黎曼几何学里的平行性概念》(Nozione di parallelismo in una varietà qualunque econsequente specificazione geometrica della curvature Riemanniana, Rend. Palermo),这是相对论之后张量分析中的第一个革新,这篇论文使当时主要作为分析理论研究的黎曼几何学恢复了几何学面目,并使黎曼空间具有明显的几何意义而易于理解. 在文章中,他改进了里奇(Gregorio Ricci-Curbastro, 1853—1925)的一个想法,引进了现在仍以他的名字命名的向量的平行位移(parallel displacement)或平行移动(parallel transfer)的概念. 这一概念说明了黎曼空间中平行向量的含义.

在同一时期,由 G. 海森伯格(1874—1925)、J. A. 斯考滕(1883—1971)、H. 外尔(1885—1955)和 E. 嘉当(1869—1951)等人完成了有关的研究([11],65 页).

5.8 高斯－博内定理（第19～20节）

　　高斯－博内定理是大范围微分几何学的一个经典定理，它建立了黎曼流形的局部性质和整体性质之间的联系（［12］，157 页），因而被认为是曲面微分几何学中最深刻的定理.

　　高斯－博内定理的最初形式是高斯在《关于曲面的一般研究》中首先提出来的，后经 C. G. 雅可比（1837，［13］）、O. 博内（1848，［14］）、W. 戴克（1888，［15］）、H. 霍普夫（1925，［16］）、C. B. 艾伦多弗（1940，［17］）、W. 芬切尔（1940，［18］）、C. B. 艾伦多弗和 A. 韦伊（1943，［19］）等人推广，特别是陈省身先生于 1944 年发表于美国《数学年刊》（Annals of Mathematics）第 45 卷第 9 期上的论文《闭黎曼流形高斯－博内公式的一个简单的内蕴证明》，利用微分流形的向量场理论，给出了该公式的一个直接的内蕴证明.

　　从高斯给出高斯－博内定理的最初形式到高维的推广，再到陈省身的内蕴证明，这一过程是异常艰深的，它揭示了高斯曲率在流形上的积分与流形的整体拓扑不变量——欧拉示性数以及微分流形上的切向量场的指标（庞加莱－霍普夫指标定理）等的内在的深刻的联系，特别是陈省身的内蕴证明孕育了陈示性类和超渡思想，开创了整体微分几何学的新时代（［20］）.

　　在这一节中，我们将考察高斯在其《关于曲面的一般研究》中，是如何发现并证明这一被高斯自己誉为"曲面理论中最优美的定理"的. 我们用现代微分几何的语言叙述如下.

　　在第 19 节中，高斯首先引进了 E^3 中曲面 M 的一类特殊的坐标网，这种坐标网特别适合于曲面 M 上的小测地三角形的三角学研究. 事实上，在高斯的《关于曲面的一般研究》的剩余部分，这种方法专门用于研究测地三角形. 这种坐标网我们称之为

"测地－横坐标正交网"：它是 $\mathbf{R}^2$ 中的 (u,v)-平面上的平行于坐标轴的开矩形域 U 上的一个浸入 $f:U \to M$，f 的所有的 μ-参数曲线满足：

① 是 M 中的正规测地线；

② 与 f 的所有的 v-参数曲线正交. 　　　　　　　　　（5－28）

因此，对于这样的坐标网（5－28），有下列的结果：

$$E \equiv 1, \quad F \equiv 0, \quad EG - F^2 = G, \tag{5-29}$$

然而,反过来(5-29)并不隐含(5-28)的条件①.

我们注意到,(5-28)的一个重要的应用的例子是 E^3 中的一个旋转曲面上的参数坐标网,在其上的 u-参数曲线是子午线(由弧长所参数化!),而 v-参数曲线是平行线.

高斯明确地提到了满足(5-28)的这种坐标网的两种特殊情形(这种坐标网局部地存在于 E^3 中的每一个曲面上). 它们的几何意义已经分别由(5-23)和(5-24)清楚地给出了. 下面,我们用现代的观点叙述它们.

令 A 是曲面 M 上的一点,(a_1,a_2) 是 A 点处的曲面 M 上的一对正交的切向量,那么存在一个 $\varepsilon\in\mathbf{R}^+$,具有下列性质:

从所谓的在 A 点处的"测地极坐标系",可推出如下的映射 $f:[0,\varepsilon]\times\mathbf{R}\to M$ 的定义:

$$f(r,\varphi):=\exp_A^M\{r\cdot(\cos\varphi a_1+\sin\varphi a_2)\},\quad(r,\varphi)\in[0,\varepsilon]\times\mathbf{R}.$$
$$(5-30)$$

根据高斯引理(5-22)的推论(5-23),上面的映射提供了(5-28)所定义的坐标网的一个特例. 同样地,由推论(5-24),对于充分小的 $\varepsilon\in\mathbf{R}^+$,从所谓的"测地平行坐标网"(沿着曲线 C)导出的映射 $f:[-\varepsilon,\varepsilon]^2\to M$ 为(5-28)所定义的坐标网的另一种重要的特殊情形,定义如下:

$$f(u,v):=\exp_{C(v)}^M(u\cdot n(v)),\quad(u,v)\in[-\varepsilon,\varepsilon]^2,\quad(5-31)$$

这里 $C:[-\varepsilon,\varepsilon]\to M$ 是 M 的正规测地线,有 $C(0)=A$ 和 $C(0)=a_1$,并且 $n:[-\varepsilon,\varepsilon]\to TM$ 表示曲面 M 上满足 $n(0)=a_2$ 的测地线 C 的连续单位法向量场.

对于曲面 M 上的一般的测地–横坐标正交网 f(见(5-28)),高斯利用(5-29)立即从(5-14)和(5-22)分别推导出下面的公式,即高斯曲率 K 的计算公式,并给出 f 的角度的变分的微分形式 Θ 的公式(见(5-26)、(5-27)):

$$K=-\frac{1}{\sqrt{G}}(\sqrt{G})_{uu}\quad\text{和}\quad\Theta=-(\sqrt{G})_u\mathrm{d}v.\quad(5-32)$$

在测地极坐标系的特别情形(见(5-30),那里 $u=r,v=\varphi$),高斯使(5-32)式成为如下的完整的结果:对于情形(5-30),函数 $\sqrt{G}$,$(\sqrt{G})_r$,$(\sqrt{G})_{rr}$ 连同 f 可以连续地以这样一种方式推广到 $[0,\varepsilon]\times\mathbf{R}$(也就是到 $r=0$),即

$$\sqrt{G}(0,\varphi)=0,\quad(\sqrt{G})_r(0,\varphi)=1,\quad(\sqrt{G})_{rr}(0,\varphi)=0$$
$$(5-33)$$

对所有的 $\varphi \in \mathbf{R}$ 成立.

我们注意到,如果用 E. 嘉当的外微分形式的微分法的术语来表达,由于面积元素 $\mathrm{d}\sigma = \sqrt{G}\mathrm{d}u \wedge \mathrm{d}v$,(5-32)式可以写成

$$K\mathrm{d}\sigma = -(\sqrt{G})_{uu}\mathrm{d}u \wedge \mathrm{d}v = \Theta. \qquad (5-32')$$

记住(5-32)式的现代形式,由斯托克斯公式,(5-32)式立即成为高斯证明下列定理(5-34)的重要的分析基础. 这就是今天著名的

高斯-博内定理:对于 E^3 中曲面 M 上的"小"测地三角形 Δ,其内角为 α,β,γ,则有

$$\int_{\Delta} K\mathrm{d}\sigma = (\alpha + \beta + \gamma) - \pi. \qquad (5-34)$$

在高斯的"一般研究"一文的摘要中,他将这一定理表达如下:

"由最短线组成的三角形的内角和与两直角之差的盈余,等于
该三角形的总曲率."

他进一步写道,下列推广形式可以由"剖分"(disceptio)为三角形得到(由于高斯在大地测量方面的经验,他非常熟悉三角剖分的方法):

一般地,由最短线构成的 n 边形中,其内角和与 $(n-2)\pi$ 之差
的盈余等于该 n 边形的总曲率. $\qquad (5-34')$

一般地,(5-34)式对于任意的测地三角形不成立. 然而,在高斯对(5-34)的证明中含蓄地假定了顶点为 A,B,C 的测地三角形 Δ 是在下列意义下的"小"测地三角形:如果 $\alpha \in [0,\pi]$ 为顶点 A 处的角,那么在 $T_A M$ 上存在一个标准正交的 2-标架 $(\boldsymbol{a}_1,\boldsymbol{a}_2)$,以及一个连续的可微函数 $\rho:[0,\alpha] \to \mathbf{R}^+$,使得"扇形"

$$\{r(\cos\varphi\boldsymbol{a}_1 + \sin\varphi\boldsymbol{a}_2) \mid \varphi \in [0,\alpha], r \in [0,\rho(\varphi)]\}$$

在 $T_A M$ 上是通过 $\exp_A^M$ 微分同胚地映射到 Δ 上,其路径

$$\left.\begin{array}{ll} c:r \mapsto \exp_A^M(r\boldsymbol{a}_1), & r \in [0,\rho(0)], \\ b:r \mapsto \exp_A^M(r(\cos\varphi\boldsymbol{a}_1 + \sin\varphi\boldsymbol{a}_2)), & r \in [0,\rho(\alpha)], \\ a:\varphi \mapsto \exp_1^M(\rho(\varphi)(\cos\varphi\boldsymbol{a}_1 + \sin\varphi\boldsymbol{a}_2)), & \varphi \in [0,\alpha] \end{array}\right\} \quad (*)$$

是三角形 Δ 的测地线边. 注意到三角形 Δ(见(*))的边 a 与下列映射

$$(r,\varphi) \mapsto \exp_A^M(r(\cos\varphi\boldsymbol{a}_1 + \sin\varphi\boldsymbol{a}_2))$$

在角 φ 等于 π 时的 r-参数曲线永不相交,所以结果(5-27)可以应用

于积分 $\int_a \Theta$.

这里,我们也注意到,比如说,如果三角形 Δ 完全位于顶点 A 的一个"测地凸"邻域内(这对于充分小的三角形 Δ 来说总是可以的),那么,我们最终确实是处于高斯在(5-34)的证明中所假定的情形,这已如上所述.

现在,下列两条曲线构成了高斯关于(5-34)式的证明的论据. 即在有了(5-27)、(5-32)和(5-33)的准备后,由于(*)和(5-30),根据三角形的边 b, c 是 A 点处的测地极坐标系的 r-参数曲线,如图 5-2 所示,

$$\int_\Delta K d\sigma \overline{(5-32')} - \int_0^\alpha \int_0^{\rho(\varphi)} (\sqrt{G})_{rr}(r, \varphi) dr d\varphi$$

$$= -\int_0^\alpha \left[(\sqrt{G})_r(\rho(\varphi), \varphi) - (\sqrt{G})_r(0, \varphi) \right] d\varphi$$

$$\overline{(5-33)} \ \alpha - \int_0^\alpha (\sqrt{G})_r(\rho(\varphi), \varphi) d\varphi$$

$$\overline{(5-32),(*)} \ \alpha + \int_a \Theta$$

$$\overline{(5-27),(5-26)} \ \alpha + \gamma - (\pi - \beta)$$

$$= \alpha + \gamma + \beta - \pi.$$

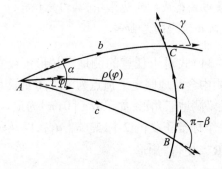

图 5-2 b, c 是 A 点处的测地极坐标系的 r-参数曲线

这就是高斯-博内定理. 高斯在得到这个定理后写道:

"曲率积分等于相应于这个三角形区域的辅助球面上的部分的面积,取正号或负号取决于三角形区域位于曲面上的部分是凹-凹还是凹-凸的. 单位面积取边长为单位长度(球的半径)的正方形的面积,整个球面的面积等于 4π. 由此可知,与三角形相应的辅助球面上相应部分的面积与整个球面的面积

之比就等于 $\pm(A+B+C-\pi)$ 与 4π 之比. 这个定理, 如果我们没有搞错的话, 应该被认为是曲面理论中最优美的定理, 可以表述为

定理: 一个由凹 – 凹曲面上的最短线构成的三角形的内角之和与 $180°$ 之差的盈余, 或者一个由凹 – 凸曲面上的最短线构成的三角形的内角之和与 $180°$ 之差的亏量, 等于在法向映射下球面相应于三角形的映像部分的面积, 球面的面积取为 $720°$. "

最后, 高斯将上述定理很自然地推广到一般的情形, 指出:

"更一般地, 在一个每条边都是由最短线构成的任意的 n 边形中, 其内角和与直角的 $(2n-4)$ 倍之差的盈余, 或者与直角的 $(2n-4)$ 倍之差的亏量 (取决于曲面的性质), 等于球面映射下相应于多边形的球面映像部分的面积, 如果整个球面的面积取为 $720°$. 这一结果可以通过对多边形进行三角剖分, 由前面的定理立即得到. "

以上就是高斯所提出的曲面上测地三角形 (或多边形) 区域上的高斯 – 博内定理. 数学史表明, 高斯 – 博内定理的发展对于 20 世纪整体微分几何学、拓扑学、分析学的发展, 特别是在揭示它们的内在联系上, 其意义是非常深刻的.

5.9 角度比较定理与面积比较定理（第21~29节）

在由高斯给出的形式 $(5-34)$ 中, "高斯 – 博内定理" 可以解释为一个 "局部比较定理", 它把曲面上一个 "小" 测地三角形的内角和与欧几里得平面上一个直边三角形的内角和 π 相比较, 并用曲面的曲率来度量它们的不同.

很少有人注意到 (如文献 [2], Michael Spivak 完全不提高斯的 "一般研究" 中的第 21~29 节的内容), 高斯 "一般研究" 的最后九节 (即第 21~29 节, 大约占了整篇文章的三分之一) 的篇幅几乎全部用于比较定理的证明. 这些比较定理一方面把单个的角 (不仅仅是角度之和) 与欧几里得平面上具有同样长度的直边三角形的角进行比较; 另一方面, 还把曲面上测地三角形的面积与欧几里得平面上具有同样长度的直边三角形的面积进行比较.

然而,与局部结果(5-34)相反的,这些最后讨论的比较定理仅是在无穷小情形下(也就是说,在曲面的实分析的假设之下),把它与欧几里得情形相比较,弯曲的偏差表达为边长(通常意义下)a,b,c 的幂级数,并且这个幂级数的系数计算到包含三阶的项. 在"一般研究"中关于这一主题的两个最重要的结果(见(5-35)、(5-36))包含在下面的定理中:

定理:设 Δ 为 E^3 中曲面 M 上的一个"小"测地三角形,顶点为 A,B,C,内角为 α,β,γ,(相对的)边长为 a,b,c. 记 σ 表示 M 中三角形 Δ 的面积,$K(A),K(B),K(C)$ 表示三角形 Δ 在各顶点处的高斯曲率. 由三角形 Δ 的边的最小性质有 $a \leqslant b+c$,因此,存在一个欧几里得平面上与三角形 Δ 具有同样边长的直边三角形 Δ^*. 设 $\alpha^*,\beta^*,\gamma^*$ 表示三角形 Δ^* 的各个角,σ^* 表示三角形 Δ^* 的面积(欧氏的). 那么,下 a,b,c 列的级数展开是正确的结果:

无穷小角度比较定理(见高斯的"一般研究"第 28 节):

$$\alpha = \alpha^* + \frac{\sigma}{12}\{2K(A) + K(B) + K(C)\}$$
$$+ \{a,b,c \text{ 的四阶或更高阶的项}\}. \tag{5-35}$$

无穷小面积比较定理(见高斯的"一般研究"第 29 节):

$$\sigma = \sigma^* \left[1 + \frac{1}{120}\{K(A)(s-a^2) + K(B)(s-b^2) + K(C)(s-c^2)\}\right.$$
$$\left. + \{a,b,c \text{ 的四阶或更高阶的项}\}\right], \tag{5-36}$$

这里

$$s = 2(a^2 + b^2 + c^2). \tag{5-37}$$

我们注意到,与公式(5-35)相似的关于 β 和 γ 的公式当然也是正确的. 另外,高斯甚至计算出(5-35)式中到四阶的项,尽管他没有给出它们一个完全明显的形式,因此我们也不在这里表达它们. 然而,如果 M 是常数曲率 K_0 的曲面(例如,M 是 E^3 中半径为 R 的一个球面,即 $K_0 = R^{-2}$),那么这些四阶的项可以容易地求出. 这导出了下面的公式(见高斯的"一般研究"第 27 节):

$$\alpha = \alpha^* + \frac{\sigma}{3}K_0 + \frac{\sigma}{180}K_0^2(b^2 + c^2 - 2a^2)$$
$$+ \{\text{五阶或更高阶的项}\}. \tag{5-38}$$

注意到在半径为 R 的球面的情形 $(K_0 = R^{-2})$，1787 年勒让德 ([21],426 页)已经证明了如下等式：

$$\alpha = \alpha^* + \frac{\sigma}{3}K_0 + \{a,b,c \text{ 的四阶或更高阶的项}\}. \quad (5-39)$$

由于实际的大地测量,高斯把勒让德的结果 $(5-39)$ 从球面测地三角形推广到任意曲面上的测地三角形,得到了更严格的结果 $(5-35)$. 如果我们首先把地球的表面看成一个球面,然后把地球看成一个球体(它在靠近两极处更平坦),在第一种情形(忽略四阶的项),勒让德的角度修正值对于三角形的三个角都是相同的. 与此同时,在第二种情形,根据高斯的方法,在接近两极处的顶点,高斯曲率更小,得到一个更小的角度修正值. 高斯根据公式 $(5-35)$,给出了他自己所测量过的地球上的一个最大的三角形的这些不同的修正值,这个三角形的三个"顶点"在 Brocken，Hohenhagen 和 Inselsberg 山顶上(阶数也随着离开北极的距离而增加),且这个三角形的边长大约为 69 km、85 km 和 107 km. 在"一般研究"的第 28 节中,高斯给出的这些角的修正值分别为(精确到秒)4″.95104,4″.95113,4″.95131;然而,球面情形的勒让德的修正值对所有顶点是相同的,都是 4″.95116. 为了测量的目的,高斯对他的结果 $(5-35)$ 与勒让德的结果 $(5-39)$ 在理论上和数量上进行比较,于 1827 年 3 月 1 日给他的朋友奥伯斯的一封信中,有一段有趣的注记([22], 378 页)(见 1.2.4 节引文).

下面,我们对词语"小"所赋予的意义做更精确的解释,这在假设中对于公式 $(5-35)$ 和 $(5-36)$ 的成立是必要的. 首先,高斯在 $(5-31)$ 中选择了测地平行坐标系 $\boldsymbol{f}:[-\varepsilon,\varepsilon]^2 \to M$,使得"线元素"取以下形式(在高斯的文章中参数用 p,q)：

$$\mathrm{d}u^2 + G(u,v)\mathrm{d}v^2 \quad (5-40)$$

并且他假定 ε 充分小,使得

① 用现代的术语说,$\boldsymbol{f}([-\varepsilon,\varepsilon]^2)$ 包含于像集合 $\exp^M_{f(0,0)}(B)$ 中,这里 B 是一个以 $T_{f(0,0)}M$ 的原点为中心的球,在 $T_{f(0,0)}M$ 上指数映射是一个微分同胚(高斯利用在点 $\boldsymbol{f}(0,0)$ 处的测地极坐标系导出这一公式,见 $(5-30)$).

② 函数 $\sqrt{G(u,v)}$(见 $(5-41)$,并注意到上述关于 M 的分析假设)可以展开为关于 u,v 的幂级数,该幂级数对所有的 $u,v \in [-\varepsilon,\varepsilon]$ 收敛,且它的值位于 $[0,2]$(这最后一点保证了函数 $(\sqrt{G(u,v)})^{-1}$ 也能表示为一个幂级数,且在 $[-\varepsilon,\varepsilon]^2$ 上收敛).

高斯现在考虑,对于 $u,u',v \in [-\varepsilon,\varepsilon]$,且 $u' < u, v > 0$,具有如下

顶点的测地三角形

$$A = f(0,0), \quad B = f(u,v), \quad C = f(u',v) \qquad (5-41)$$

以及下面的以正规测地线 $\tilde{a}, \tilde{b}, \tilde{c}$ 作为边长的三角形

$$\tilde{a}(t) := f(t,v), \quad t \in [u',u], v \in [u',u] (f 如 (5-31) 所定义),$$

$$\tilde{b}(t) := \exp_A^M(ta'), \quad t \in [0, r(u',v)], \qquad (5-42)$$

$$\tilde{c}(t) := \exp_A^M(ta), \quad t \in [0, r(u,v)],$$

这里, a 和 a' 是 $T_A M$ 中适当的单位向量. 那么, 该三角形的边长 a, b, c 由以下给出:

$$a = u - u', \quad b = r(u,v), \quad c = r(u',v). \qquad (5-43)$$

这就是高斯在证明 (5-35) 和 (5-36) 时, 所精确地给出的"小"三角形.

　　为了勾画出高斯在"一般研究"中所导出的比较定理 (5-35) 和 (5-36) 的计算过程, 我们还是要提到高斯的关于在区间 $[-\pi, \pi]$ 上取值的下列定向角度的记号 (见 (5-31) 和 (5-42)):

$$\varphi(u,v) := \angle(a_1, a),$$

$$\varphi(u',v) := \angle(a_1, a'),$$

$$\psi(u,v) := \angle(\dot{\tilde{c}}(r(u,v)), f_u(u,v)), \qquad (5-44)$$

$$\psi(u',v) := \angle(\dot{\tilde{b}}(r(u',v)), f_u(u',v)).$$

对于三角形的角 α, β, γ, 这就进一步导出

$$\alpha = \varphi(u,v) - \varphi(u',v),$$

$$\beta = \psi(u,v), \qquad (5-44')$$

$$\gamma = \pi - \psi(u',v).$$

这些量的几何意义如图 5-3 所示.

　　级数序列公式 (5-35) 和 (5-36) 的高斯的证明之思想发端如下. 由于 (5-31) 式之特殊的 v-参数曲线 $w: v \to f(0,v)$ 是一正规测地线, 且它与 u-参数曲线相交成直角 (因此相交于一个常数角!), 那么从 (5-27) 式得出 $\Theta(\dot{w}(v)) = 0$ 对所有的 $v \in [-\varepsilon, \varepsilon]$ 成立, 换句话说, 由 (5-32) 式 (见高斯的"一般研究"第 23 节) 有

$$(\sqrt{G})_u(0,v) = 0,$$

进一步有

$$\sqrt{G}(0,v) = 1 \quad 对所有的 v \in [-\varepsilon, \varepsilon] 成立. \qquad (5-45)$$

由于 $\sqrt{G}(0,v) = \langle \dot{w}(v), \dot{w}(v) \rangle$, 并且 w 是正规测地线, 又由 (5-45)

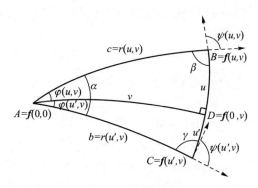

图 5 – 3　几何意义

式,对于 $u,v\in[-\varepsilon,\varepsilon]$, $\sqrt{G}(u,v)$ 的幂级数展开有下列的形式:

$$\sqrt{G}(u,v) = 1 + f(v)u^2 + g(v)u^3 + h(v)u^4 + \cdots,$$

这里 $f(v)$, $g(v)$, $h(v)$, $\cdots$ 是 v 的幂级数,它们的系数分别由

$$f^0, f', f'', \cdots; g^0, g', g'', \cdots; h^0, h', h'', \cdots \text{独立地表示.} \quad (5-46)$$

因此,这些幂级数的系数 $f,g,h,\cdots$ 完全决定了曲面 M 的内蕴度量(5 – 40). 利用(5 – 46)和方程 $\sqrt{G}K = -(\sqrt{G})_{uu}$, 该方程对于测地平行坐标系有效(见(5 – 32)),高斯得到了高斯曲率的下列幂级数展开公式(见高斯的"一般研究"第 25 节,现在我们表示为变量 u,v 的函数):

$$K(u,v) = -2f(v) - 6g(v)u - (12h(v) - 2f^2(v))u^2 - \cdots, \quad (5-47)$$

由此,这产生了以度量的系数(见(5 – 40)、(5 – 46))为系数构成的项的高斯曲率 $K(u,v)$ 的公式. 因此,由(5 – 47)式和泰勒定理,度量的系数 $f^0, f', f'', g^0, g', h^0$ (见(5 – 46))可以表示为高斯曲率在点 $\boldsymbol{O} = (0,0)$ 处的微商形式:

$$f^0 = -K(\boldsymbol{O}), \quad f' = -\frac{1}{2}K_v(\boldsymbol{O}), \quad f'' = -\frac{1}{4}K_{vv}(\boldsymbol{O}),$$

$$g^0 = -\frac{1}{6}K_u(\boldsymbol{O}), \quad g' = -\frac{1}{6}K_{uv}(\boldsymbol{O}), \quad (5-48)$$

$$h^0 = \frac{1}{24}(K^2(\boldsymbol{O}) + K_{uu}(\boldsymbol{O})).$$

公式(5 – 48)对于特殊情形,即 K = 常数的情形,是由高斯明显地给出的(见高斯的"一般研究"第 27 节).

　　利用第 21 节中阐述的联系 M 的两个不同参数化的变换方程(在这里,特别地应用于从测地平行坐标系(5 – 31)到测地极坐标系(5 – 30)的变换),高斯得到了下列用变量 u,v 表示的关于函数 r,φ 和 ψ(见

上述((5－42)、(5－44))的偏微分方程(见高斯的"一般研究"第 24 节):

$$4r^2 G = G((r^2)_u)^2 + ((r^2)_v)^2,$$

$$2\sqrt{G}r\sin\psi = (r^2)_v, \quad 2r\cos\psi = (r^2)_u, \tag{5－49}$$

$$G(r^2)_u\varphi_v + (r^2)_v\varphi_u = 0. \tag{5－50}$$

然后,高斯从(5－49)和(5－46)式得到了用变量 u,v 表示的关于 r,$r\sin\psi$ 和 $r\cos\psi$ 的幂级数的展开公式(见高斯的"一般研究"第 24 节公式(1)、(2)、(3),参见附录 2).并且结合(5－50)式,他得到了 $r\cos\varphi$,$r\sin\varphi$ 的展开公式(见高斯的"一般研究"第 24 节公式(4)、(5)).对于测地三角形 A,B,D,且 $D = f(0,v)$(见图 5－3),其定向区域的面积 $S(u,v)$ 满足

$$S(u,v) \geqslant 0,\text{如果 } u \geqslant 0 \quad \text{和} \quad S(u,v) < 0,\text{如果 } u < 0. \tag{5－51}$$

借助于简单的"几何观察",高斯陈述了下列的偏微分方程(见高斯的"一般研究"第 24 节):

$$((r\sin\psi)S_v + \sqrt{G}(r\cos\psi)S_u)(u,v) = (r\sin\psi)(u,v)(\int_0^u \sqrt{G(\tau,v)}\mathrm{d}\tau).$$

$$\tag{5－52}$$

然后,从(5－46)式、$r\cos\psi$ 和 $r\sin\psi$ 的幂级数展开式以及(5－52)式,他得到了用变量 u 和 v 表示的关于面积 $S(u,v)$ 的幂级数展开式(见高斯的"一般研究"第 24 节公式(7)).

因为

$$\sigma(u,u',v) = S(u,v) - S(u',v),$$

所以,高斯也得到了顶点 B 和 C 的用(测地平行)坐标 u,u' 和 v 表示的测地三角形 ABC(见(5－41)、(5－51)和图 5－3)的区域面积 σ 的幂级数展开公式.

把如此获得的 u,u' 和 v 的幂级数与(5－43)、(5－44)和(5－47)作比较,利用幂级数的巧妙技巧后,高斯给出了第一个结果——角度比较定理(5－35),然后又给出了另一个结果——面积比较定理(5－36).

5.10 小结

以上,我们比较详细地分析与考察了高斯在《关于曲面的一般研究》中所创立的内蕴微分几何学的基本思想.我们可以清楚地看到:正是在这一伟大的著作中,高斯精辟地阐述了微分几何的一系列全新的重要概念和定理,以及展开其"内蕴微分几何"计划的重要论述.其中

的重要概念有:高斯球面映射;曲面 M 上一点 A 的高斯曲率 $K(A)$;全曲率(区域 D 上的曲率积分);角度的变分(微分 1-形式);测地 – 横坐标正交网等全新的概念. 若干的重要定理有:各种坐标表示下的高斯曲率计算公式;高斯方程——即高斯曲率 $K(A)$ 由第一基本形式决定;高斯的"绝妙定理"——曲面的高斯曲率是曲面在等距变换下的不变量;高斯引理;高斯 – 博内定理 $\int K\mathrm{d}\sigma = A + B + C - \pi$ 以及角度比较定理和面积比较定理等.

特别的是,高斯在他的曲面论中突出地论证了两个核心的定理——高斯的"绝妙定理"和"曲面论中最优美的定理"高斯 – 博内定理. 它们都是关于高斯曲率的定理,高斯曲率衡量的是第一基本形式相对于欧氏度量的偏离程度. 高斯的这两个伟大的定理断言:这种衡量只需由曲面的内蕴度量(即第一基本形式)所决定,而与外在的空间无关! 同时,高斯 – 博内定理又联系着曲面上测地多边形的角之盈余与亏量,因而这就使得相对于欧氏度量的偏离程度的衡量与欧氏平行公设问题联系在一起,从而使得高斯 – 博内定理成为联系欧氏几何与非欧几何的一条关键的定理.

因此,高斯的《关于曲面的一般研究》解决了内蕴微分几何的一系列重大问题,奠定了微分几何的基础,标志着微分几何作为一门独立的学科诞生了! 同时,高斯的思想也蕴含了 19 世纪后期非欧几何的发展与确认所遵循的内蕴微分几何学的基本思想和实现途径.

参考文献

[1] 黎曼. 关于几何基础的假设//李文林. 数学珍宝:历史文献精选. 北京:科学出版社,1998:601 – 613.

[2] M. Spivak. A Comprehensive Introduction to Differential Geometry. Publish or Perish, INC. Berkely, 1997,2:74.

[3] C. F. Gauss. Werke Ⅷ. Gottingen, 1900.

[4] J. Lagrange. Nouvelle solution probleme du mouvement de rotation corps de figure quelconque, Oeuvres de Lagrange, Ⅲ, 572 – 616, Gauthier Villars, Paris.

[5] 莫里斯·克莱因. 古今数学思想(第二册). 上海:上海科学技术出版社,2002.

[6] 虞言林. 指标定理与热方程方法. 上海:上海科学技术出版社,1996.

[7] V. J. Katz. A History of Mathematics:An Introduction (Second Edition). (中译本:数学史通论. 李文林,等,译. 北京:高等教育出版社,2004.)

[8] 李文林. 数学珍宝:历史文献精选. 北京:科学出版社,1998.

［9］ J. Weingarten：Uber die Eigenschaften des Linienelements der Flachen von constantem Krummungsmass, Crelle Journ. 1885, 94：181 – 192.

［10］ L. Euler. Methodus inveniendi lineas curvas maximi minimive proprietate gaudentes, Lausanne, 1744.

［11］ W. 柏拉须开. 微分几何学引论. 方德值,译. 北京:科学出版社,1963.

［12］ 陈省身,陈维桓. 微分几何讲义. 2 版. 北京:北京大学出版社,2004.

［13］ C. G. Jacobi. Demonstratio et amplification nova Gaussiani de quadratura integra trianguli in data superficie e lineis brevissimis formati, Crelle Journ. 1837, 16：344 – 350.

［14］ O. Bonnet. J. de I' Ecole Polytechnique, 1848, 19：131.

［15］ W. Dyck. Beiträge zur analysis situs, Math Annalen, 1888, 32：457 – 512.

［16］ H. Hopf. Uber die Curvatura integra geschlossener Hyperflachen, Math. Ann., 1925, 95：313 – 399.

［17］ C. B. Allendoerfer. The Euler number of a Riemann manifold. Amer. J. Math., 1940, 62：243 – 248.

［18］ W. Fenchel. On total curvatures of Riemannian manifolds I. Jour. London Math. Soc., 1940, 15：15 – 22.

［19］ C. B. Allendoerfer, A. Weil. The Gauss – Bonnet theorem for Riemannian polyhedra. Trans. Amer. Math. Soc., 1943, 53：101 – 129.

［20］ H. 霍普夫. 关于《大范围微分几何若干新观点》的评论//张奠宙,等. 陈省身文集. 上海:华东师范大学出版社,2002:205 – 206.

［21］ A. M. Legendre. Elements de Geometrie,12eme ed., Paris, 1823.

［22］ C. F. Gauss. Werke Ⅸ. Gottingen, 1900.

第6章 高斯的内蕴几何学思想及其意义

在上一章,我们详细地分析与考察了高斯《关于曲面的一般研究》所蕴含的内蕴微分几何学的基本思想.然而,比高斯创立内蕴微分几何学这一理论本身更具革命意义的是,高斯在这篇论文中提出了一个全新的观念———一个曲面本身就是一个空间!并从曲面本身的度量出发,展开曲面的内蕴几何研究,得出了用曲面本身的度量决定曲面在空间的形状的一系列的理论与方法.因而,高斯已经揭示出空间的非欧本质,在这过程中,高斯的绝妙定理和高斯 – 博内定理扮演着特殊的角色,因而也就有着特殊的意义.这一思想后经黎曼等人的发展,把高斯的内蕴微分几何学推广到高维情形,这就是黎曼几何学. 20 世纪,黎曼几何学已成为爱因斯坦广义相对论的数学基础.

事实上,高斯的内蕴微分几何学和黎曼关于黎曼几何学的构想,是一脉相承的,黎曼的几何学思想深受高斯的影响.他们的几何学本质上而言都是意在揭示出欧氏几何不具有唯一的(物理的)必然性.而高斯的内蕴微分几何学本质上已经蕴含了这一光辉的思想,即高斯的内蕴微分几何学已经表明空间的非欧本质,同时揭示出了欧氏几何不具有(物理的)必然性的本质.

在本章,我们将对此作一比较,考察高斯的内蕴几何学思想中几个核心概念的发现及其意义,并由此探究高斯创立内蕴几何学的思想轨迹.

6.1 直线与测地线

我们知道,几何学的基本出发点是点、线、面等基本元素.在《几何原本》中,欧几里得首先给出它们的定义:"点是没有部分的;线只有长度而没有宽度;一线的两端是点;直线是它上面的点一样地平放着的线."([1])欧氏几何中所讨论的点、线是数学上的抽象的点和线.欧几里得的直线概念是非常朴素而且是直观地描述的,并且定义中的线是指直线段.如何理解"直线是它上面的点一样地平放着的线","线只有长度而没有宽度",也就是如何理解直线的概念?欧几里得在《几何原本》的定义 19 中给出了三角形和直线图形等的定义,其中指出:"直线图形是由线段首尾顺次相接围成的. 三角形是由三条线段围成的,四边形是由四条线段围成的,多边形是由四条以上的线段围成的." 第一卷命题 20:"在任何的三角形中,任意两边之和大于第三边." 特别是,在《几何原本》中提出的公理 4:"彼此能够重合的物体是全等的",本质而言就是对"长度"的概念必须有一个确切的定义. 因此,我们可以看出,欧几里得几的直线,其本质就是平面上的短程线——平面上任何两点之间的最短线是直线段. 这就是所谓的欧氏空间——平直的(刚性的)空间.

事实上,要精确地给直线下定义是几乎不可能的. 希尔伯特在他著名的《几何基础》中,建立了历史上第一个完备的公理化体系. 他真正抓住了几何元素概念的本质——公理系统的逻辑结构与内在的联系,从而在历史上第一次明确提出了选择和组织公理系统的三大原则:相容性、独立性和完备性. 希尔伯特并不给出点、线、面等几何基本概念的定义,而是将它们叫做空间几何的元素或空间的元素,并设想点、线、面之间有一定的相互关系,用"关联"("在……之上"、"属于")、"介于"("在……之间")、"全同于"("全合于"、"相等于")等词来表示,并用几何公理将这些关系予以精确而又完备的描述. 即下面的五组公理:

Ⅰ. 关联公理(结合公理、从属公理)

Ⅱ. 顺序公理(次序公理)

Ⅲ. 合同公理(全合公理,全等公理)

Ⅳ. 平行公理

Ⅴ. 连续公理

这样,在希尔伯特的几何体系中,所有的问题就有了一个严格的逻辑基础和起点. 另外,我们注意到,在希尔伯特的《几何基础》的附录 1《直线作为两点间的最小距离》一文中,提到一个概念"无处是凹的体",并给出了这一概念的定义:"无处是凹的体系指具有下述性质的一个体:假如在其内部两点用一直线相连,则此直线介于这两点的部分将整个位于这个体的内部."([2],108 页)

从这里我们可以看出,直线的本质性质是作为两点之间的最短距离,而这一性质只有在"无处是凹的体"的概念下是成立的,也就是说在欧几里得几何的意义下才是成立的.

我们已经在前面的分析中指出,高斯的内蕴微分几何学理论源于几何基础的研究,而其直接的现实渊源则是关于大地测量的工作. 我们知道大地测量实质上是弧度测量,即地球表面上两点之间的最短距离之精确测量问题. 正如巴格拉图尼在其著作《卡·弗·高斯——大地测量研究简述》中指出:"高斯从事的整个大地测量工作和这方面的研究都是和完成汉诺威弧度测量相关联的. 虽然这个本身弧长只有 2°1′ 的弧度测量对决定地球形状和大小不能起很大作用,然而,在 19 世纪当时,对科学地设计和实施高精度的大地测量工作却起着巨大的指导作用."([3],16 页)

从现代微分几何学的观点来看,高斯所进行的大地测量工作,本质上是度量曲面上(与外在空间无关)的两点之间的最短距离问题,这就很自然地得出测地线的概念,即高斯在他的"一般研究"中的第 13 节所说的"在一个给定的曲面上的关于最短路径的理论".([4],238 页)

用现代的语言表达,测地线就是曲面上具有零测地曲率的曲线,因而,测地线的切线向量沿测地线本身是平行地移动着的,当一条测地线的包络可展曲面展开到平面时,测地线就成了直线.

可见,测地线的概念就是欧几里得几何中的直线概念(两点之间的最短距离)在弯曲的曲面上的推广. 大地测量工作的本质是度量地球表面(弯曲的曲面)上任意两点之间的最短距离,这种度量只与曲面本身相关而与其外在的空间无关,这就促使高斯思考这样的问题——我们是否可以从曲面本身的度量出发决定曲面在空间的形状?

这种思考具有本质的意义,这是高斯创立内蕴微分几何思想的出发点. 高斯正是从这个想法出发,引出曲面的参数表示、曲面上的弧长元素(即第一基本形式),以及由第一基本形式出发,研究弯曲的曲面上的内蕴几何问题,得到了高斯曲率的计算公式,并进而证明高斯曲率是在等距变换下的不变性质(即高斯的绝妙定理)以及总曲率与测地三角形内角和的关系公式(即高斯 – 博内定理)等内蕴微分几何的重要定理,从而开拓出"一块极为多产的土地".

6.2 平行公设的否定与弯曲空间概念的产生

M. 克莱因在其著名的《古今数学思想》中指出:"有关非欧几里得几何的最大事实是它可以描述物质空间,像欧几里得几何一样地正确. 后者不是物质空间所必然有的几何;它的物质真理不能以先验理由来保证. 这种认识,不需要任何技术性的数学推导(因已有人做过),首先是由高斯获得的."([5],285—286 页)M. 克莱因的评价是非常正确的. 正是高斯早年对几何基础问题的深入研究与突破,导致了弯曲空间概念的产生,进而揭示了空间的非欧本质. 科学史表明,高斯的几何思想对现代物理特别是广义相对论的影响是非常深刻的.

我们知道,对平行公设的否定是这一理论的突破口. 前面我们已经指出,勒让德(A. M. Legendre,1752—1833)于 1794 年首先指出:三角形的内角和等于 180° 的定理等价于欧氏几何的第五公设(即平行公理).

就在这一年,即 1794 年,年仅 17 岁的高斯就已经有了关于这些问题的第一个深刻思想. 高斯于 1846 年 10 月给格宁的信中写道:……(见 2.2.1 节引文). 高斯的这一深刻思想,至少包含如下的三层意思:

第一,平行公设的否定. 我们知道,在欧氏几何中,三角形内角和等于 180° 与其外角和等于 360° 是等价的,一般地有任意一个多边形之外角和在数量上也等于 360°. 高斯在此讨论的是双曲几何学的情形,高斯在这里所说的"在任何的几何中,一个多边形之外角和在数量上不等于 360°",实际上就是对平行公设的否定,也就是非欧几何.

第二,弯曲空间概念的产生. 我们在第二章中已经指出,三角形内角和等于 180° 的定理,本质上是说平面是平坦的而不具有曲率. 而这只有当几何学发展到非欧几何学时期才能真正看出这一本质. 高斯在此得到"一个多边形之外角和在数量上不等于 360°,……而是成比例于曲面的面积",我们现在知道,这一比例就是高斯曲率.

用现代的语言表达就是:在球面几何的情形,三角形的三内角之和必然大于 180°,并且有一个非常重要的公式:$A + B + C - \pi = \dfrac{\text{面积}}{R^2}$,这里 R 是球面的半径,而 $\dfrac{1}{R^2}$ 则是度量球面的高斯曲率;在非欧几何(双曲几何)的情形,三角形的三内角之和必然小于 180°,并且有如下的重要公式:$A + B + C - \pi = -\dfrac{\text{面积}}{R^2}$,此时 R^2 代表非欧几何的一个绝对的度量,换句话说,在非欧几何的平面上(当然这里考虑的是常数高斯曲率曲面),它的高斯曲率是负的,即高斯曲率等于 $-\dfrac{1}{R^2}$;很显然,如果上述的比例为零(也就是高斯曲率为零),那么自然地得出"多边形之外角和在数量上等于 360°",也就是三角形内角和等于 180° 的定理(即欧几里得的平行公理),这就是欧几里得几何的情形.

由此,我们可以看出,是否满足欧几里得的平行公设所体现出的本质乃是所论的几何空间是否为"弯曲"的性质. 因而,高斯于 1794 年所得到的关于这些问题的第一个深刻思想的认识,表明在高斯的头脑中已经有了"弯曲空间"的概念.

第三,"这几乎是这一理论之开端的第一个重要定理".

高斯在这里所说的"这一理论"显然指的就是他所发现的"非欧几何学". 而高斯在这里所认识到的这个重要定理就是后来所称的高斯－博内定理,它是非欧几何学的重要定理,也是内蕴微分几何学的一个极端重要的定理. 这一定理被高斯称为"整个曲面理论中最优美的定理",它对整个微分几何学的发展和影响是非常深远的[1].

如果我们联系高斯在《关于曲面的一般研究》中对高斯－博内定理的高度重视,特别是高斯运用这一定理于测地三角形的角度比较定理与面积比较定理的研究以及实际测量大测地三角形等,我们可以看出高斯的真正用意是验证他所发现的非欧几何[2].

6.3 第一基本形式与弯曲空间的度量

众所周知,几何学研究的一个基本问题或出发点是所谓的度量问题(不考虑度量的几何学称为拓扑学). 因此,高斯早年关于几何基础问题的研究以及所发现的"弯曲空间"的概念在数学上如何刻画? 特别是,高斯后来的大地测量工作必须解决的测地线的度量问题等,都涉及几何学的一个基本问题——弯曲空间的度量. 我们再一次看到高斯的伟大创造.

前面我们已经指出,欧几里得几何中最重要定理之一的毕达哥拉斯定理(勾股定理)之本质乃是几何空间的度量性质,而度量性质可以说是展开所有可能的几何学的基本假设前提,迄今为止,在大部分有意义的几何空间中,都要求这条定理在无穷小的情形下成立.

我们知道,由毕达哥拉斯定理(勾股定理)所确定的空间的度量是平直(或刚性)空间的度量,因此,如何把度量性质推广到弯曲的空间就成为问题的关键. 在高斯以前,曲面或空间曲线的方程式是看作三个坐标的隐函数,或者是一个坐标表示为其他两个坐标的函数. 这种做法实际上是仍然把所研究的曲面或空间曲线放在所处的外围空间之中加以研究的,用现代的语言表达就是所谓的嵌入于高一维的欧氏空间中,

---

① 陈省身于 1994 年给出了高维高斯－博内定理的内蕴证明,成为现代微分几何学的出发点,其思想与方法对整体微分几何的发展有着深刻的影响.

② 高斯《关于曲面的一般研究》中的最后九节(即第 21~29 节,大约占了整篇文章的三分之一)的篇幅几乎全部用于比较定理的证明. 这些比较定理一方面把单个的角(不仅仅是角度之和)与欧几里得平面上具有同样长度的直边三角形的角进行比较;另一方面,还把曲面上测地三角形的面积与欧几里得平面上具有同样长度的直边三角形的面积进行比较.

因而其方法是外蕴的.

高斯的几何学思想及其研究的出发点是"从曲面本身的度量出发决定曲面在空间的形状",因而与外在空间无关,即是"内蕴"的几何学.高斯首先着手把三个坐标看成另外两个独立参数的函数,这两个参数可以在已知曲面上适当地选择.这就是曲面的参数表示的思想,高斯的这一思想在微分几何学的发展中获得普遍的公认.实际上,早在1822 年高斯解决哥本哈根科学院提出的征奖问题中,就已经系统地运用了这种参数表示的思想([7]).下面,我们对曲面的参数表示的思想简要叙述如下.

曲面上的任意一点的坐标(x,y,z)可以用两个参数 u,v 表示,从而曲面的方程可以这样给出:$x = x(u,v)$, $y = y(u,v)$, $z = z(u,v)$;或者写成向量的形式:$\boldsymbol{r} = \boldsymbol{r}(x(u,v),y(u,v),z(u,v))$.高斯的出发点是运用这个参数表示来对曲面做系统研究.高斯首先引进了曲面的弧长元素 ds,建立了曲面的第一基本形式(这是曲面的内蕴的度量性质).

按照现在的说法,由于高斯假设曲面为正则的,即$\boldsymbol{r}(u,v)$是 u,v 的连续可微函数,所以对 u,v 求偏微商 $\boldsymbol{r}_u$ 和 $\boldsymbol{r}_v$ 是存在的并且对于 u,v 是连续的.此外,我们假定在每一点处的向量 $\boldsymbol{r}_u$ 和 $\boldsymbol{r}_v$ 是线性无关的,因而曲面在每一点处有过向量 $\boldsymbol{r}_u$ 和 $\boldsymbol{r}_v$ 的平面,即曲面在点$\boldsymbol{r}(u,v)$处的切平面;曲面上点的微小邻域可以单值地映射到过此点的切平面上,并且正确到二阶无穷小范围内.曲面在此点的微小邻域可以用块状平面来代替.

如果 $\boldsymbol{r}(u,v)$ 和 $\boldsymbol{r}(u+\mathrm{d}u,v+\mathrm{d}v)$ 是曲面上的两个邻近点,那么正确到高阶无穷小范围内,$\boldsymbol{r}(u+\mathrm{d}u,v+\mathrm{d}v) - \boldsymbol{r}(u,v) \cong \boldsymbol{r}_u(u,v)\mathrm{d}u + \boldsymbol{r}_v(u,v)\mathrm{d}v$. 也就是说,略去高阶无穷小时,曲面上连接两个邻近点的向量是切平面上的向量.因而有 $\mathrm{d}\boldsymbol{r}^2 = \mathrm{d}s^2 = E\mathrm{d}u^2 + 2F\mathrm{d}u\mathrm{d}v + G\mathrm{d}v^2$(这里 $E = \boldsymbol{r}_u \cdot \boldsymbol{r}_u$, $F = \boldsymbol{r}_u \cdot \boldsymbol{r}_v$, $G = \boldsymbol{r}_v \cdot \boldsymbol{r}_v$),这就是向量 d$\boldsymbol{r}$ 的长度的平方,即曲面的第一基本形式,其中的 E,F,G 称为曲面的第一类基本量.所以曲面的第一基本形式的意义简单地说就是:在正确到高阶无穷小范围内,曲面是等长地对应于切平面上的无穷小区域,并且曲面的第一基本形式在切平面上是以 $\boldsymbol{r}_u$ 和 $\boldsymbol{r}_v$ 为基本向量,以 du 和 dv 为坐标的长度表达式.

若曲面取正交参数网,即向量 $\boldsymbol{r}_u$ 和 $\boldsymbol{r}_v$ 垂直时,有 $F = 0$,于是曲面的第一基本形式化为 $\mathrm{d}\boldsymbol{r}^2 = E\mathrm{d}u^2 + G\mathrm{d}v^2$,这就是勾股定理.所以说曲面的第一基本形式本质上是勾股定理的推广,或者说勾股定理是第一基本形式在无穷小范围内的近似.

曲面的第一类基本量 E,F,G 是 u,v 的函数,并且完全确定了曲面的内蕴度量, 即"曲面本身的度量". 对于曲面上的曲线 $u = u(t)$, $v = v(t)$ (即 $\boldsymbol{r} = \boldsymbol{r}(u(t), v(t))$), 其弧长等于弧长元素 $\mathrm{d}s$ 沿曲线的积分, 即可以用积分 $s = \int \mathrm{d}s = \int \sqrt{E\left(\dfrac{\mathrm{d}u}{\mathrm{d}t}\right)^2 + 2F\dfrac{\mathrm{d}u}{\mathrm{d}t}\dfrac{\mathrm{d}v}{\mathrm{d}t} + G\left(\dfrac{\mathrm{d}v}{\mathrm{d}t}\right)^2}\,\mathrm{d}t$ 来表示. 如果长度被确定了, 那么作为曲线长度的下确界的距离即曲面上两点之间的最短距离(关于最短路径的理论)也就被确定了. 因此, 光滑曲线的内蕴度量是由第一基本形式来确定的.

专门研究曲面上由第一基本形式决定的几何学称为内蕴几何学, 它在高维的推广就是现在所称的黎曼几何学. 因此, 我们说高斯通过推广度量概念(勾股定理)引进了第一基本形式, 从而解决了展开其内蕴微分几何学的基础, 即"弯曲空间"的度量问题. 这是几何学历史上的一次重大的突破.

6.4 曲面的内蕴度量与曲面在空间的形状

如上所述, 高斯运用曲面的参数表示, 利用无穷小分析方法得到了曲面本身的度量——第一基本形式, 并以此为出发点, 全面地讨论曲面在空间的形状这一内蕴微分几何学的中心问题. 下面, 我们分析高斯是如何利用曲面本身的度量来确定曲面在空间的形状这一中心问题.

前面, 我们已经指出, 高斯在 1822 年解决丹麦哥本哈根科学院征奖问题时, 就已经意识到曲面研究的中心问题是曲率问题. 这是高斯内蕴微分几何学理论的突破口, 在研究曲率的过程中, 有两个关键的概念: 一是高斯映射的概念; 另一个就是角度概念的推广.

关于高斯映射的概念, 本书 5.3 节"高斯映射与高斯曲率和全曲率"有比较详细的分析与考察. 这里我们着重分析与考察高斯是如何将角度的概念推广到曲面上曲率的概念, 进而利用高斯曲率(高斯称为曲率测度)的符号来决定曲面在空间的形状.

高斯在《关于曲面的一般研究》开篇的第 1 节中, 首先引进了一个辅助球面, 并假定用球面上不同的点表示不同的直线的方向, 该方向与以球面上的点为端点的半径平行, 这就为后面定义高斯映射奠定了基础.

在接下来的第 2 节中, 给出了后面的研究中要用到的一些重要的命题, 包括两条相交直线的夹角、两个平面的夹角、一条直线与一个平面的倾斜角、平面的定向以及球面上的点之间的坐标表示的三角公式和球面上的三点与坐标系的原点组成的锥体的体积公式等.

在这里,我们要特别强调:高斯的角度的定义是将它转化到相应的辅助球面上相应于直线的方向的球面上两点的弧长来度量的,也就是说,高斯是将角度看成单位圆周的子集而不是一个数. 高斯的这一想法在一些文献中没有得到应有的重视,如 Michael Spivak 的著作《微分几何综合导引》(A Comprehensive Introduction to Differential Geometry, Publish or Perish, INC. Berkely 1997, Vol 2, 74 – 131)对此就完全地忽视了(见该文献 75 页). 高斯这一观点是符合几何学的本源的,希腊人最初的想法与此是一致的(把角度看成数不过是近代的观点([8])),它有利于推广到高维的情形,这种推广就是高斯曲率和总曲率的概念.

何谓相交于 O 点的两条直线的夹角? 设 S^1 是以 O 为圆心的单位圆周,则 S^1 上由这两条直线截出的弧长就是这两条直线的夹角,如图 6 – 1 所示.

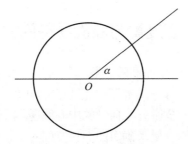

图 6 – 1　相交于 O 点的两条直线的夹角

我们知道,曲线在一点处的曲率就是指曲线上无穷小弧段长度与其切映射下像的长度的反比的极限. 因此,曲率就是角度的增量相对于弧长的变化率,如图 6 – 2 所示.

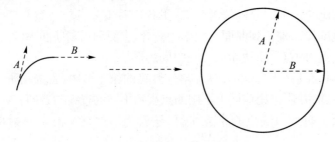

图 6 – 2　曲线在一点处的曲率

从几何学的观点看,正如我们可以把角度看成二维空间里单位圆周上曲线段的长(弧长)或者一维体积一样,我们也可以将三维空间中单位球面 S^2 上区域的面积或者二维体积看作三维空间角度的表示. 一般地, n 维空间中的角度被看成单位球面 S^{n-1} 上区域的 $(n-1)$ 维体积. 这种想法在高斯的总曲率和曲率测度(即高斯曲率)的定义中起着关键的作用. 高斯在他的论文摘要中指出:

> "如果我们用上述方法来表示球面上各点的法方向,……曲面的一部分对应附属球面上一部分,并且曲面这一部分和平面差别越小时,附属球面上相应的面积就越小. 由此,一个十分自然的想法是以附属球面上相应部分的面积作为曲面给定部分的全曲率的度量. 因此作者称它为曲面在该部分的总曲率."

接着,高斯定义:

> "曲面在某一点处的曲率测度(measure of curvature)为一比值,分母为该点处无穷小邻域的面积,分子为附属球面上相应于曲面上的那一部分的面积,即相应的总曲率."

由此,我们可以看到高斯的曲率概念与角度概念及其推广的密切联系. 接着高斯给出了曲面在各种表示形式下的高斯曲率的计算公式,特别地,给出了曲面的参数表示形式下的高斯曲率公式,并得出了著名的公式(高斯方程(5-14)),即高斯曲率仅与第一类基本量及其一阶或二阶偏微分有关(参见 5.4 节或附录 2),这就是说高斯曲率是由"曲面本身的度量"所确定的.

同时,高斯在他的"一般研究"中,还讨论了曲率测度的正负号与曲面在该点邻近的形状的关系([4]或附录 2).

而曲面本身的度量在等距变换下是不变的,因而就有"曲面的高斯曲率是曲面在等距变换下的一个不变量",这表明曲面的度量性质本身蕴含着一定的弯曲性质. 这就是说,高斯在他的"一般研究"中解决了内蕴微分几何学的中心问题——从曲面本身的度量出发决定曲面在空间的形状,这个定理被高斯称为"绝妙定理",它是微分几何学发展的里程碑.

综上分析,我们可以历史地勾勒出高斯创立内蕴微分几何学的思想轨迹:高斯的大地测量工作,本质是度量地球表面(弯曲的曲面)上任意两点之间的最短距离,这种度量只与曲面本身相关而与其外在的空间无关,这就促使高斯思考这样的问题——我们是否可以从曲面本身的度量出发决定曲面在空间的形状? 这种思考具有本质的意义,这是高斯内蕴微分几何思想的出发点. 高斯正是从这个想法出发,引出曲面的参数表示、曲面上的弧长元素(即第一基本形式),以及由第一基本形式出发,研究弯曲的曲面上的内蕴几何问题,得到了高斯曲率的计算公式,并进而证明高斯曲率是在等距变换下的不变性质(即高斯的绝妙定理)以及总曲率与测地三角形内角和的关系公式(即高斯 – 博内定理)等内蕴微分几何的重要定理,创立了内蕴微分几何学,开拓出"一块极为多产的土地". 沿着高斯的思路,必然得到这样一个全新的观念———一个曲面本身就是一个空间! 在这样的空间(弯曲的)上展开的几何学必定是非欧的,这是高斯最伟大的创造.

在高斯发表《关于曲面的一般研究》之后大约一百年,爱因斯坦对高斯的这项工作作出了如下的评价:"高斯对于近代物理理论的发展,尤其是对相对论理论的数学基础所作的贡献,其重要性是超越一切、无与伦比的,……假使他没有创造曲面几何,那么黎曼的研究就失去了基础,我实在很难想象其他任何人会发现这一理论."([10])

我们将高斯于 1817 年写给奥伯斯(Heinrich Olbers,1758—1840)的信中的一段话与爱因斯坦的评价做一对比,其意寓是深长的. 高斯说道:"我愈来愈深信我们不能证明我们的几何(欧氏几何)具有(物理的)必然性,至少是人类理智所不能证明的. 或许在另一个世界中,我们能洞察空间的性质,而现在这是不能达到的. 同时我们不能把几何与算术相提并论,因为算术是纯粹先验的,而几何却可以和力学相提并论."([6])高斯心中的几何学是和力学相提并论的,这种认识让我们想到黎曼在他著名的《关于几何基础中的假设》中这样一句意味深长的话:"这条道路将把我们引到另一个科学领域,进入物理学的王国,进入现在的科学事实还不允许我们进入的地方."([11])

由此我们可以看到,高斯的内蕴微分几何学和黎曼关于黎曼几何学的构想都是意在揭示欧氏几何不具有唯一的(物理的)必然性,他们关于几何学的思想是一脉相承的,黎曼的几何学思想深受高斯的影响. 20 世纪微分几何学与理论物理学的发展,以无可辩驳的事实证实了高斯的伟大思想.

参考文献

[1] 欧几里得. 几何原本. 兰纪正,朱恩宽,译. 西安:陕西科学技术出版社,2003.

[2] D. 希尔伯特. 几何基础. 江泽涵,朱鼎勋,译. 2 版. 北京:科学出版社,1995:108.

[3] Þ. Ð. 巴格拉图尼. 卡·弗·高斯:大地测量研究简述. 许厚泽,王广运,译. 北京:测绘出版社,1957:16.

[4] C. F. Gauss. Werke (Band Ⅳ). Gottingen, Gedruckt in der Dieterichschen Universitats druckerei (W. F. Kaestner), 1873:238.

[5] 莫里斯·克莱因. 古今数学思想(第三册). 上海:上海科学技术出版社,2002: 285 – 286.

[6] C. F. Gauss. Werke (Band Ⅷ). Gottingen, Gedruckt in der Dieterichschen Universitats druckerei (W. F. Kaestner), 1900: 266, 177.

[7] 陈惠勇. 高斯哥本哈根获奖论文及其对内蕴微分几何的贡献. 内蒙古师范大学学报(自然科学汉文版),2007,36(6):771 – 774.

[8] D. H. Gottlieb. All the way with Gauss – Bonnet and the sociology of Mathematics. Amer. Math. Monthly, 1996,103(6): 457 – 469.

[9] M. Spivak. A Comprehensive Introduction to Differential Geometry. Publish or Perish, INC. Berkely, 1997, 2: 74 – 131.

[10] T. Hall. Carl Friedrich Gauss: A Biography, 1970. (中译本:高斯:伟大数学家的一生. 田光复,等,译. 3 版. 台北:台湾凡异出版社,1986:100.)

[11] 黎曼. 关于几何基础的假设//李文林. 数学珍宝:历史文献精选. 北京:科学出版社,1998:601 – 613.

第 7 章　高斯非欧几何学思想的实现途径与高斯的内蕴微分几何学

　　数学史研究表明,高斯的非欧几何学思想意在揭示欧氏几何不具有唯一的(物理的)必然性,而高斯的内蕴微分几何学则深刻地揭示了几何空间的非欧本质. 在第 3 章中我们已经指出,高斯的非欧几何研究有两个核心的问题([1]):平行线的定义(即第五公设之否定——它与三角形内角之和小于 180°的假定等价);绝对长度单位(即高斯所说的常数). 然而,从现代微分几何的观点看,我们知道:第一个问题本质上是角之盈余或亏量的问题(这与高斯 – 博内定理直接相关),而绝对长度单位与高斯曲率 K 密切相关且等于 $\dfrac{1}{\sqrt{|K|}}$.

　　因此,抓住了这两个核心问题就成为我们全面理解高斯的非欧几何学思想与高斯的内蕴微分几何学思想的内在的本质联系的关键.

　　正如高斯自己于 1824 年 11 月 8 日给陶里努斯的信中写道:……(见 3.3.3 节引文). 高斯的这段话,道出了非欧几何学与内蕴微分几何学的内在的深刻联系及其本质;同时,也指出了高斯所说的绝对长度单位(常数)与他的非欧几何学思想的实现途径及其与内蕴微分几何学的内在联系.

　　要深刻地理解这种内在的联系,我们将涉及微分几何学的现代形式——黎曼几何学. 本书将高斯的内蕴微分几何学与其非欧几何学研究视为一个完整的、统一的思想体系,这也是作者关于高斯几何学思想的基本认识. 因此,我们将高斯的内蕴微分几何学思想置于整个非欧几何学的历史背景中加以比较考察,同时又将高斯早年的非欧几何学研究纳入他所创立的内蕴微分几何学的思想体系之中,从现代微分几何学的视角,通过对原始文献以及相关研究文献的比较分析,探究高斯非欧几何学思想的实现途径. 在全面比较考察和研究高斯的几何学思想(非欧几何学和内蕴微分几何学)的基础上,对前文提到的关于非欧几何的这一历史疑问,给出一个比较合理的解释(或历史的重构).

7.1　高斯的内蕴微分几何学思想与黎曼的几何学构想

数学史表明,黎曼可以说是最先理解非欧几何全部意义的数学家. 他创立的黎曼几何学不仅是对已经出现的非欧几何(罗巴切夫斯基几何)的承认,而且显示出了创造其他非欧几何的可能性. 黎曼认识到度量是加到流形上去的一种结构,因此,同一个流形可以有众多的黎曼度量. 黎曼以前的几何学家只知道曲面的外围空间的度量赋予曲面的诱导度量:$dr^2 = ds^2 = Edu^2 + 2Fdudv + Gdv^2$(即第一基本形式),并未认识到曲面还可以独立于外围空间而定义,可以独立地赋予度量结构,黎曼认识到这件事有着非常重要的意义. 他把诱导度量与独立的黎曼度量两者区分开来,从而创造了以二次微分形式(即黎曼度量)

$$ds^2 = \sum_{i,j=1}^{n} g_{ij}dx^i dx^j$$

为出发点的黎曼几何,这种几何以各种非欧几何作为其特例.

我们认为,黎曼的上述构想必定是与高斯的深刻影响分不开的[①]:

首先,我们知道,高斯是黎曼的老师,高斯对黎曼的这种师生之间的深刻影响是很自然的. 在高斯的指导下,黎曼于 1851 年完成他的博士论文《单复变函数一般理论基础》,其中给出了单值解析函数的严格定义,同时引进了一个非常重要的概念——黎曼曲面. 黎曼曲面本身就是一个流形,对于黎曼曲面的研究已经构成现代数学的一个重要分支,它涉及分析、几何和拓扑等现代数学的广大领域.

其次,当我们深入地分析与研究黎曼的《关于几何基础中的假设》的内容及其蕴含的深刻思想,就可以发现高斯的思想对黎曼的影响是非同一般的. 我们知道,黎曼在这篇著名的演讲中所要解决的两个核心问题,一是建立 n 度广义流形的概念,二是建立 n 维流形上可容许的度量关系. 黎曼在他的演讲中三次提到高斯的工作.

第一次是在演讲的第一部分"n 度广义流形的概念",黎曼说道:

> "因为解决这个问题的困难主要是概念上而非构造上的,而我
> 对这个困难的哲学方面思考得很少;况且除了枢密顾问高斯
> 发表在他的关于二次剩余的第二篇论文及在他写的纪念小册
> 子之中的非常简短的提示和赫尔巴特的一些哲学研究外,我

---

① 黎曼几何的产生则是受到了多方面的影响,其几何学思想的三个主要来源是数学、物理和哲学([4]).

不能利用任何以前的研究."([7],602 页)

从这里我们可以看出,黎曼提到的高斯"非常简短的提示"说明高斯已经有了至少是模糊的或初步的流形的观念,并且这种观念对黎曼是有所启发的.

第二次是黎曼在演讲的第二部分"n 维流形上可容许的度量关系",黎曼说道:

"关于这个问题的两个方面(指一个流形能容许的度量关系和确定度量关系的充分条件)的基础包含在枢密顾问高斯关于曲面的著名论文中."([7],605 页)

显然,这里所说的"著名论文"就是指高斯的《关于曲面的一般研究》.

第三次是在演讲的第二部分的第二小节中,黎曼说到在一般流形上用来衡量曲面片在一点偏离平坦的程度的数值时,再一次提到高斯的工作——"当这个数值乘以 $-\frac{3}{4}$ 时得到的值就是枢密顾问高斯所谓的曲面的曲率",([7],607 页)这里的"数值"就是现在所称的"高斯曲率". 以上分析足以证明高斯的工作对黎曼的深刻影响.

从黎曼的几何学构想上看更能看出黎曼几何学思想与高斯内蕴几何学思想的一脉相承性. 首先,黎曼几何学的出发点是所谓的黎曼度量 $\mathrm{d}s^2 = \sum_{i,j=1}^{n} g_{ij}\mathrm{d}x^i\mathrm{d}x^j$,与高斯的出发点第一基本形式 $\mathrm{d}r^2 = \mathrm{d}s^2 = E\mathrm{d}u^2 + 2F\mathrm{d}u\mathrm{d}v + G\mathrm{d}v^2$ 相比较,我们明显地看出黎曼度量是高斯的第一基本形式(相当于 $n=2$ 的情形)的高维推广,当然黎曼用的是张量的记号.

事实上,用现代微分几何学的观点来看,我们知道,二维情形的黎曼几何学就是高斯的内蕴微分几何学. 因此,黎曼的几何学思想不仅对高斯内蕴几何学思想有继承,而且更有发展,而这种思想的一脉相承性的更为本质的体现,则是黎曼对于 n 维流形在一点的一个曲面方向的曲率的形象解释,他完全遵循着高斯的思路,黎曼指出:

"……前一种解释蕴含着曲面的两个主曲率半径的乘积在曲面不伸缩的形变时是不改变的这个定理,后一种解释蕴含着在每一点的无穷小三角形的内角和超过两个直角的部分和它的面积成比例. 为了给出 n 维流形在一点的一个曲面方向曲率的形象解释,我们必须由这样一个原则出发,即从一点发出的最短线被初始方向完全确定."([7],609 页)

这正是高斯曲面论的两个核心定理,即高斯的绝妙定理和高斯 – 博内定理! 而且黎曼所遵循的原则也正是高斯研究的出发点. 可见,黎曼的几何学构想与高斯的内蕴微分几何学思想在本质上是一致的.

7.2 常数 (绝对长度单位) 高斯曲率曲面与非欧几何学的实现

黎曼几何学思想不仅是对高斯内蕴几何学思想的继承,更重要的是对高斯思想的发展. 由于黎曼认识到度量是加到流形上去的一种结构,因此,同一个流形可以有众多的黎曼度量. 黎曼在他的就职演讲《关于几何基础的假设》中,特别地考虑了所谓的常曲率流形,这种流形的度量关系仅与曲率的值有关,如果设曲率为 α,那么度量 ds 可取下面的形式([7],609 页):

$$ds = \frac{1}{1 + \frac{\alpha}{4} \sum x_i^2} \cdot \sqrt{\sum (dx_i)^2}.$$

这是黎曼的演讲中出现的唯一的一个数学公式. 我们知道,这里的常数 α 就是高斯曲率在高维情形的推广——称为黎曼曲率张量. 因而,具有上述度量的流形就是所谓的常曲率流形(在 $n = 2$ 的情形,就是所谓的常数高斯曲率曲面). 我们可以证明:当黎曼曲率张量 $\alpha > 0$ 时,就是球面几何(又称为正常曲率空间的几何);当黎曼曲率张量 $\alpha = 0$ 时,就是欧氏几何;而当黎曼曲率张量 $\alpha < 0$ 时,就是罗巴切夫斯基几何(又称为负常曲率空间的几何或双曲几何).

为了更好地理解黎曼的上述思想,我们在二维流形上说明常曲率"空间"中的测地线的性状以及非欧几何的实现途径([8]).

考虑第一基本形式为

$$I = \frac{du^2 + dv^2}{\left[1 + \frac{\alpha}{4} (u^2 + v^2)\right]^2}$$

的常数高斯曲率曲面(这就是黎曼考虑的常曲率流形). 通过计算可以知道,该曲面的高斯曲率 K 为常数 α. 当 $\alpha \geq 0$ 时,该抽象曲面可以定义在整个 (u, v)-平面上;当 $\alpha < 0$ 时,该抽象曲面的定义域是 $u^2 + v^2 < -\frac{4}{\alpha}$.

当 $\alpha = 0$ 时,则 $I = du^2 + dv^2$,此时的度量就是欧氏平面上的普通度量(就是由勾股定理所给出的度量),它上面的测地线就是普通的直线,而这个抽象曲面的几何就是普通的欧氏几何. 由于高斯曲率 $\alpha = 0$,

由高斯－博内定理可知，在这个抽象曲面上其三角形的内角和等于 $180°$.

当 $\alpha > 0$ 时，这个抽象曲面可以看作 E^3 中半径为 $\dfrac{1}{\sqrt{\alpha}}$ 的球面通过从南极向球面在北极的切平面作球极投影所得到的像，如图 $7-1$ 所示.

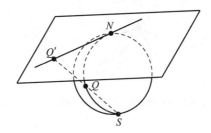

图 $7-1$　球极投影

具体地说，这个投影的表达式是

$$u = \frac{2x}{\sqrt{\alpha}z + 1}, \quad v = \frac{2y}{\sqrt{\alpha}z + 1}$$

或者

$$
\begin{cases}
x = \dfrac{u}{1 + \dfrac{\alpha}{4}(u^2 + v^2)}, \\[4mm]
y = \dfrac{v}{1 + \dfrac{\alpha}{4}(u^2 + v^2)}, \\[4mm]
z = \dfrac{1}{\sqrt{\alpha}} \cdot \dfrac{1 - \dfrac{\alpha}{4}(u^2 + v^2)}{1 + \dfrac{\alpha}{4}(u^2 + v^2)}.
\end{cases}
$$

在球面上，测地线就是大圆. 很明显，这些大圆周在球极投影下的像是 (u,v)-平面上以原点为中心、以 $\dfrac{2}{\sqrt{\alpha}}$ 为半径的圆周 C，以及所有的经过圆周 C 的一对对径点的直线和圆周，如图 $7-2$ 所示.

很明显，在这样的抽象曲面上，任意两条测地线都是彼此相交的. 因而，这个抽象曲面上的几何就是球面几何（非欧几何）. 由于高斯曲率 $\alpha > 0$，由高斯－博内定理可知，在这个抽象曲面上由测地线构成的三角形的内角和大于 $180°$. 球面（高斯曲率等于 1）上的测地三角形如图 $7-3$ 所示.

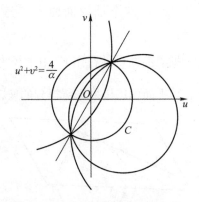

图 7-2 球面上的大圆周在球极投影下的像

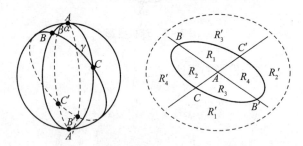

图 7-3 球面(高斯曲率等于 1)上的测地三角形

在 $\alpha < 0$ 的情形,该抽象曲面的定义域是 $u^2 + v^2 < -\dfrac{4}{\alpha}$. 在该圆内赋予度量

$$I = \frac{\mathrm{d}u^2 + \mathrm{d}v^2}{\left[1 + \dfrac{\alpha}{4}(u^2 + v^2)\right]^2}$$

的抽象曲面称为克莱因圆. 可以证明:在克莱因圆内的测地线是圆内与圆周 $u^2 + v^2 = -\dfrac{4}{\alpha}$ 正交的圆弧或直径,如图 7-4 所示.

很明显,在这样的抽象曲面上,过"直线"外一点可以作无数条"直线"与已知"直线"不相交. 因此,在克莱因圆内,欧氏几何的"平行公设"——过直线外一点所引的与该直线平行的直线有且只有一条——不再成立. 这个抽象曲面就是非欧几何的克莱因模型,它比非欧几何的贝尔特拉米模型(相当于高斯曲率 $\alpha = -1$ 的情形,对应的抽象曲面叫伪球面)更加简单明了地指出了,在这样的抽象曲面上,普通的欧氏几何的事实就成了罗巴切夫斯基几何的定理. 这个抽象曲面上的几何就

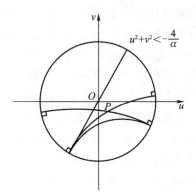

图 7-4 克莱因圆内的测地线

是双曲几何. 由于高斯曲率 $\alpha < 0$, 由高斯-博内定理可知, 在这个抽象曲面上由测地线构成的三角形的内角和小于 180°. 伪球面(高斯曲率 $\alpha = -1$)上的测地三角形如图 7-5 所示.

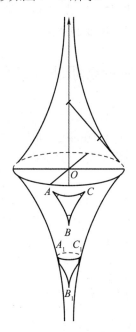

图 7-5 伪球面(高斯曲率 $\alpha = -1$)上的测地三角形

以上, 我们从现代微分几何的观点, 考察了高斯非欧几何研究的实现途径与内蕴微分几何的内在联系. 从中我们可以清楚地看到: 高斯-博内定理在联系其非欧几何研究的两个核心问题之间的桥梁作用和特殊意义. 高斯 – 博内定理从本质上揭示了从欧氏几何学到非欧几何学的发展历史, 这一历史的发展过程, 实际上就是从平面几何到常数高斯曲率曲面上的几何学的发展过程, 更一般地, 到抽象曲面上的几何学的发展过程. 在这一推广过程中, 直线换成了测地线(最短线), 相对曲率换成了测地曲率, 其根本的不同之处在于所论的"空间"的高斯曲率的不同, 也就是"空间"的度量结构不同. 欧氏"空间"的高斯曲率为零, 由高斯 – 博内定理有 $A + B + C = \pi$, 这就是"三角形的三内角之和等于180°"的定理; 非欧几何的"空间"的高斯曲率不为零, 由高斯 – 博内定理有"三角形的三内角之和不等于 180°", 因此该"空间"是弯曲的! 高斯曲率的符号的不同, 导致"空间"中的测地线的性状不同, 从而也决定了测地三角形的内角和的不同. 一般地, 对于三维常数高斯曲率空间, 我们有以下三种情形: 曲率为正常数——黎曼非欧几何(球面几何); 曲率为负常数——罗巴切夫斯基非欧几何(双曲几何); 曲率恒等于零——欧几里得几何.

因此, 高斯 – 博内定理对于人类关于空间性质的认知特别是对于空间的非欧本质的认识有着重要的意义.

7.3 量地与测天——高斯非欧几何学的验证

从上面的分析和比较研究, 我们可以看到高斯非欧几何研究的实现途径与他的内蕴微分几何思想的内在联系. 当然, 高斯本人并未完全地实现这一过程, 但是, 高斯却奠定了通向这一过程的理论与实践两方面的基础.

在理论上, 高斯已经有了实现其非欧几何研究的内蕴微分几何学途径的思想([9]), 高斯在其"一般研究"的第 20 节中得到了著名的高斯 – 博内定理之后, 在接下来的第 21 节直到第 29 节全部用于比较定理的证明. 在这些比较定理中, 一方面, 高斯把单个的角(不仅仅是角度之和)与欧几里得平面上具有同样长度的直边三角形的角进行比较; 另一方面, 高斯还把曲面上测地三角形的面积与欧几里得平面上具有同样长度的直边三角形的面积进行比较. 在此我们不难看出高斯的真正用意.

在实践上, 高斯利用他的实际大地测量工作——量地与测天——亲自验证他发现的非欧几何. 高斯为了说明他的角度比较定理和面积比较定理, 进行了实地的大测地三角形的测量. 高斯在《关于曲面的一般研究》的第 28 节, 附了一个当时他所做的三角测量结果的记录, 其中三个顶点分别为 Hohenhagen(H),Brocken(B) 及 lnselsberg(I) 的山顶;H,B,I 两两的距离分别为 69 km、85 km 及 107 km,几近直角三角形. 高斯利用他自己发明的日光发射信号(heliotrope)得到山顶之间的由光线构成的三角形 HBI,决定 H,B,I 的角度,测得三角和 $H+B+I$ 为 180°,因而与欧氏几何符合;然后,再测量由测地线得到的地球表面上对应的测地三角形,并算出其角度 H_1, B_1 及 I_1,此三角和超过 180° 约 14″. 85348. 虽说微不足道,但确实超过 180°. 在三个顶点盈余的量分别是

$$H_1 - H = 4''.95113;$$
$$B_1 - B = 4''.95104;$$
$$I_1 - I = 4''.95131.$$

这三数与其平均值间的差异,与地球近北极时较平有关. 差异显然小于 0.0002″,故高斯下结论说:"即使是在地球表面上,这些角度可以测量到的巨大三角形上,这种差别通常是太小而难以觉察. "([9])

后来的数学家揣测,这些测量还有额外的目的,就是检查由光线造成的三角形 HBI 的内角和与欧几里得的值 180° 是否有偏差.

F. 克莱因(Felix Klein,1849—1925)指出:

"在高斯的这些工作(非欧几何学)里,完全看不到高斯在他的无畏的思想面前退缩. 他与奥伯斯、舒马赫、贝塞尔以及其他人的通信,连同他的一些未公开发表的论文,毫无疑问地表明高斯已经掌握了非欧几何学的思想. 虽然关于这个成就高斯一个字也没有发表过,但是非欧几何学思想,在他的任何工作中都没有离开过,这一点从他的信件中清楚地流露出来. 就此而言,上面说过的他测量光线所成的三角形,又有了新的意义. "([10],14 页)

我们认为,联系前面所引的 1824 年 11 月 8 日高斯给陶里努斯的信所表达的深刻含义,以及 1827 年 3 月 1 日高斯给他的朋友奥伯斯(Heinrich W. M. Olbers,1758—1840)的一封信中所说的(见 1.2.4 节引文),特别是结合 19 世纪后期贝尔特拉米(E. Beltrami,1835—1900),F. 克莱因、庞加莱(H. Poincaré,1854—1912)等人关于非欧几何的发展与确认的实现途径来看,这种揣测完全是可以成立的.

如果上述认识能够成立的话,那么我们是否可以认为,不管是量地或测天,高斯的真正用意是验证他的非欧几何? 因为高斯是把几何看

成和力学一样的实证科学,虽然高斯没有直接谈到这件事,但到底哪一种几何为"真",在"现实"中存在,他觉得只有实验能够解答. 因而高斯企图用他那个大测地三角形为实证,来发现宇宙空间与欧氏几何的偏差. 高斯的一生工作严谨、计划周密,特别是在他的大地测量工作中更表现出他非凡的组织才能. 因此,我们认为,不管是量地或测天,高斯的真正用意,在当时来讲也只有他自己心里有数. 但历史地来看,高斯的这种用意——验证他的非欧几何——是毫无疑问的①.

值得注意的是,M. 克莱因(Morris Kline,1908—1992)在关于高斯的内蕴微分几何学与非欧几何学思想的内在联系上,其观点是自相矛盾的,如关于高斯的内蕴微分几何学,M. 克莱因指出:

> "高斯的工作意味着,至少在曲面上有非欧几何,如果把曲面本身看成一个空间的话,高斯是否看到他的曲面几何学的这种非欧几何学的解释,那就不清楚了."(见[4],308 页)

而在同一专著中,关于高斯的非欧几何学思想,M. 克莱因又指出:

> "为了检验欧几里得几何学和他的非欧几何的应用可能性,高斯实际测量了由 Hohenhagen、Brocken 和 Inselsberg 三座山峰构成的三角形的内角之和,三角形三边为 69 km、85 km 与 107 km. 他发现内角和比 180° 超出 14″85. …… 如高斯所认识到的,这个三角形还小,又因在非欧几何中,亏值与面积成正比,只有在大的三角形中才有可能显示出 180° 与三角和有任何差距."([4],289 页)

然而,我们知道,高斯在他的《关于曲面的一般研究》的第 21 ~ 29 节,正是着力阐述直边三角形(欧氏几何学的)和测地三角形(非欧几何学的)之间的角度比较定理和面积比较定理,高斯将其"检验欧几里得几何学和他的非欧几何学的应用的可能性"的实际地理测量的结果记录于他的"一般研究"之中,并构成其中的第 28 节的内容([6]).

今天,有很多经验与事实(如爱因斯坦的广义相对论)能够证明现实世界的几何是非欧的;但是由于差异很小,以至于在实际生活中,例如说筑路、造桥、开隧洞时,可以不去理它. 正如高斯所说:

> "一般地说,在地球表面上所有可以测量到的三角形内,这种

---

① 如 Tord Hall 即持此观点,见[11].

误差太小而难以察觉."([12],258 页)

这是高斯《关于曲面的一般研究》一文的最后一句话.

同时,高斯在他的论文摘要中指出:

"……但是哪怕曲面与球面仅是略有差别,这种修正也不应忽略.因此,具体算出修正值并由此说明在地球表面测地三角形的情形下这些微不足道的偏差,是十分重要的."([13],569 页)

这句话与我们前面所引的高斯于 1824 年 11 月 8 日给陶里努斯的信中的话"我们给予这常数值愈大,则愈接近欧几里得几何,而且它的无穷大值会使得双方系统合而为一",可以说是遥相呼应.

肯定的观察与实验来自原子物理与天文学.宇宙几何的绝对单位长度也许可以得自于星际距离及星际质量的测量.我们不知道我们所看到的宇宙,其非欧几何的高斯曲率是多少;我们甚至也不知道它是正是负,到处存在于这个银河世界中的宇宙曲率的计算,依然是今天的科学家们最重要的工作.

根据爱因斯坦的广义相对论,宇宙的真实几何与欧氏几何间的相差程度可以表示出来.我们可以从实验中计算出三条在重力场影响下的光线所构成的三角形的内角和.高斯所测量的三角形 HBI 的角之差实在太微小了,以至于高斯那时候和我们现有的光学仪器都无法测出,差异的数量级为 $(10^{-17})''$,即小数点后有 16 个 0.但是,高斯却认识到:

"如果宇宙的几何真是非欧的,而且如果这常数的数量级和我们能够得到的对地球或天体的测量值相差不太远的话,那我们应该可以算出这常数."([2])

7.4 高斯非欧几何学研究的核心问题之解决

因此,通过上述比较研究,我们认为:高斯是完全看到这两种几何的内在的联系的,并且也是完全看到曲面本身(即把曲面本身作为一个空间)的这种非欧本质的.

我们再一次回到本章开头提到的高斯 1824 年 11 月 8 日给陶里努斯的信中的深刻意境,以及我们在第 1 章结尾提出的问题:

① 高斯的非欧几何学研究的核心问题是什么?

② 高斯是如何解决他的核心问题的？其实现途径是什么？

③ 高斯的内蕴微分几何学在其本质上是否已经解决了他的非欧几何学研究的核心问题？或者说，是否实现了他的非欧几何学？

④ 怎样重新认识高斯 – 博内定理在理解高斯的内蕴微分几何学与他的非欧几何学研究的内在联系以及在实现高斯非欧几何学的途径中的意义？

⑤ 怎样重新认识高斯 – 博内定理对于人类关于空间性质的认知乃至对于整个数学史的重要意义？

⑥ 如果我们的研究能够回答上述问题的话，那么我们将会有怎样的结论？

⑦ 下一个问题是什么？

基于前面的分析和比较研究，现在可以肯定地说：我们已经回答了问题①、②、③、④以及问题⑤的前半部分.

因此，我们也就有了问题⑥的结论：

高斯于 1827 年发表的《关于曲面的一般研究》奠定了内蕴微分几何学的基础，标志着内蕴微分几何学的诞生. 高斯的内蕴微分几何学不仅提出了几何学历史上的一个具有革命性意义的概念——一个曲面本身就是一个空间，而且寻求到了解决"从曲面本身的度量出发决定曲面在空间的形状"这一重大理论问题的一系列重要方法，提出了高斯映射、高斯曲率、总曲率等重要概念，证明了高斯曲率在等距变换下的不变性（绝妙定理）并且由高斯曲率的符号进一步将空间的曲面进行分类，而高斯 – 博内定理又进一步揭示出空间的弯曲的本质. 因而，高斯的内蕴微分几何学本质上已经蕴含了他的非欧几何学研究的基本思想. 高斯不仅在他的内蕴微分几何学中解决了他的非欧几何学研究中的两个核心的问题，而且阐述了两者的深刻的内在联系，并且在这种内在联系中，高斯 – 博内定理具有关键的意义和作用. 更重要的是，高斯为非欧几何学的发展与最终的确认指明了一条微分几何的途径.

如果我们上面的这种认识能够成立的话，那么，这是否就是高斯要解决的"所有课题"？当然，高斯最终没有直接发表他的非欧几何学研究，因为他始终遵守着自己的信条——少些，但要成熟. 是的，在高斯的时代，非欧几何远远没有成熟！但是，即便如此，高斯对非欧几何却有如此深刻的认识并寻求到解决他的非欧几何的"所有课题"之路——创立了研究"弯曲空间"的内蕴微分几何学，而这条道路最终引导着黎曼、贝尔特拉米、F. 克莱因、庞加莱等伟大的数学家走向并最终实现了非欧几何学的发展与确认的艰难历程.

　　数学史表明,后来黎曼对内蕴微分几何的高维推广,以及 19 世纪后期贝尔特拉米、F. 克莱因,庞加莱等关于非欧几何的发展与确认,无不遵循着高斯的思路.

　　也许这正是高斯的伟大与高明之处——既没有引起"波哀提亚人的叫嚣",又以他自己独特的"高斯风格"发表了他的伟大思想,并深刻地影响着未来几何学的发展方向.

参考文献

[1] 陈惠勇. 高斯的内蕴微分几何与非欧几何. 西北大学学报(自然科学版), 2006,36(6):1028 – 1032.

[2] C. F. Gauss. Werke Ⅷ. Herausgegeben von der K. Gesellschaft der Wissenschaften zu, Gottingen, 1900:186 – 188, 200.

[3] 李文林. 数学史概论. 2 版. 北京:高等教育出版社,2002:229.

[4] 莫里斯·克莱因. 古今数学思想(第三册). 上海:上海科学技术出版社,2002: 289 – 308.

[5] P. Dombrowski. Differential Geometry:150 Years After CARL FRIEDRICH GAUSS' disquisitiones generales circa superficies curves. asterisque. 1979, 62: 1 – 153. Soc. Math. France.

[6] 邓明立,阎晨光. 黎曼的几何思想萌芽. 自然科学史研究,2006,25(1):66 – 75.

[7] 黎曼. 关于几何基础的假设//李文林. 数学珍宝:历史文献精选. 北京:科学出版社,1998:601 – 613.

[8] 陈维桓. 微分几何初步. 北京:北京大学出版社,2003:185 – 187.

[9] 高斯. 关于曲面的一般研究(Ⅰ)、(Ⅱ). 陈惠勇,译. 苏阳,校. 数学译林,2008, 27(1):12 – 29;2008,27(2):97 – 112.

[10] F. Klein. Vorlesungen uber die Entwicklung der Mathematik im 19 Jahrhundert. (中译本:数学在 19 世纪的发展(第一卷). 齐民友,译. 北京:高等教育出版社,2010.)

[11] T. Hall. Carl Friedrich Gauss:A Biography, 1970. (中译本:高斯:伟大数学家的一生. 田光复,等,译. 3 版. 台北:台湾凡异出版社,1986.)

[12] C. F. Gauss. Werke Ⅳ. Herausgegeben von der K. Gesellschaft der Wissenschaften zu, Gottingen, 1880:258.

[13] 高斯.《关于曲面的一般研究》摘要//李文林. 数学珍宝:历史文献精选. 北京:科学出版社,1998:565 – 570.

第8章 高斯－博内定理的历史发展及其意义

如果就我们的选题来讲,本书到此应该可以结束了. 但是,第 1 章结尾提出的问题⑤"怎样重新认识高斯－博内定理对于人类关于空间性质的认知乃至对于整个数学史的重要意义?"的后半部分还未展开;问题⑦"下一个问题是什么?"还未回答. 这就是我们本章想要论述的主题——高斯－博内定理的历史发展及其意义. 然而,众所周知,这个问题实在是太艰深了,对于它的研究几乎涉及整个的现代数学,单单这一个问题也许就远远地超越了本书的研究主题而将成为一本研究专著. 笔者认为,高斯－博内定理的重要意义只有在其整个的历史发展之中才能得以阐明和体现,而这将是笔者力所不及的. 有关高斯－博内定理的文献可以说是浩如烟海,打开 Google 搜索,显示约有 116000 项符合"Gauss-Bonnet theorem"的查询结果,这还不算微分几何学方面的专著在内.

在此,笔者只考察这一伟大的定理在现代数学几大领域中的思想关联,以此来表达对高斯的敬意,同时也以此缅怀在这一历史发展过程中作出杰出贡献的 20 世纪国际数学大师陈省身先生.

为此,我们将简要回顾高斯－博内定理的历史,同时指出高斯－博内定理在黎曼流形、微分流形以及拓扑流形上的表现形式,以此阐明高斯－博内定理与现代数学的深刻联系及意义. 而关于高斯－博内定理的历史发展的更全面的论述,只有留待另文去进行专门的研究了.

8.1 经典的高斯－博内定理与冯·迪克的贡献

高斯－博内定理是大范围微分几何学的一个经典定理,它建立了黎曼流形的局部性质和整体性质之间的联系,因而被认为是曲面微分几何学中最深刻的定理. 众所周知,经典的高斯－博内定理指出:设 M 是二维定向黎曼流形,D 为 M 上一个具有边界 ∂D 的单连通区域,并由有限条光滑曲线组成,那么

$$\int_{\partial D} k_g \mathrm{d}s + \sum_j (\pi - \alpha_j) + \iint_D K \mathrm{d}A = 2\pi \chi(D),$$

这里 $\chi(D)$ 是 D 的欧拉示性数, k_g 为每一条光滑边界曲线的测地曲率, α_j 为边界的顶点处的内角, K 为曲面 M 的高斯曲率, 而 2-形式 $\mathrm{d}A$ 是曲面 M 的面积元素. 因此, 左边的各项分别是测地曲率的积分、各角的外角和高斯曲率的积分, 它们分别是线、点、面的曲率, 故此公式是以拓扑不变量欧拉示性数来表示全曲率(如图 8－1).

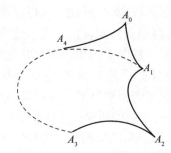

图 8－1　由有限条光滑曲线组成的单连通区域

测地三角形的情形是高斯在其 1827 年的历史性论文《关于曲面的一般研究》中证明的. 而如上所述的定理则归功于博内(Pierre Ossian Bonnet, 1819—1892)和比内(Jacques Binet, 1786—1856)于 1848 年完成的工作. 见博内的研究论文《论曲面的一般性质》(MEMOIRE sur LA THREORIE GENERALE DES SURFACES, 该文发表于 J. École Polytechnique 1848 年第 19 期 1—146 页), 他写道([1], 129 页):

> "我在比内先生(Binet)发表于巴黎综合工科学校杂志上的研究论文的第三卷, 和罗德里格斯先生(Olinde Rodrigues)关于曲面的备注性笔记中, 看到了与我的类似的曲面的高斯定理的解释."

而比内从未发表过他的证明.

我们通常所称的紧曲面的高斯－博内定理应当归功于冯·迪克(Walther von Dyck, 1856—1934), 1888 年, 冯·迪克证明了如下的结果:

如果 M 是 $\mathbf{R}^3$ 的一个紧的定向曲面, 那么

$$\frac{1}{2\pi} \int_M K \mathrm{d}A = \chi(M),$$

这里 $\chi(M)$ 是曲面 M 的欧拉示性数.

现在,通过曲面的三角剖分并在每一个 2-单形上应用经典的高斯－博内公式,我们可以推出上面的高斯－博内定理. 这是一个组合过程,不是一个几何过程. Gottlieb 认为冯·迪克可能是第一个意识到高斯－博内定理对非球面的曲面也成立的数学家([2]). 而 Hirsch([3])则认为,冯·迪克最早将映射度与欧拉示性数这两个概念联系在一起证明了被误为高斯－博内定理的定理. 这里,冯·迪克实际上已经得到了高斯－博内定理的整体结果. 当然,也有证据表明,笛卡儿似乎已经得到凸多面体情形的整体高斯－博内定理. 因此,整体高斯－博内定理或许应该称为笛卡儿－迪克定理([2]).

8.2 高斯－博内定理在高维的推广与证明——从霍普夫到陈省身

二维紧致流形上的高斯－博内公式是经典微分几何的一个高峰. 美国拓扑学家霍普夫(Heinz Hopf, 1894—1971)曾经指出:"推广此公式到高维紧致流形上去是几何学中极其重要而困难的问题."

高斯－博内定理在高维的推广开始于霍普夫,他得到了下列结果:

设 M 是 $\mathbf{R}^{m+1}$ 中一个紧的可定向的超曲面,并设 $G:M\to S^m$ 是从 M 到 m 维单位球面 S^m 上的高斯映射. 如果 S^m 的体积形式用 ω_m 表示,那么对于曲面的情形($m=2$ 的情形),拉回映射 $G^*\omega_m$ 代表 KdA,因为当 $m=2$ 时,

$$G^*\omega_2 = KdA.$$

对于向量场,庞加莱－霍普夫指标定理(1926)表明:如果 M 是 $\mathbf{R}^{n+1}$ 中的一个区域 R 的边界,那么

$$\deg G = \chi(R),$$

这里"$\deg G$"表示 G 的拓扑度(S^m 中的点 p 的原像集 $G^{-1}(p)$ 中的原像的代数数).

设 $m=2n$ 为偶数. 从 $M=\partial R$ 我们知道,$\chi(M)=2\chi(R)$,所以

$$\deg G = \frac{1}{2}\chi(M).$$

在 $n=1$ 的情形(M 是 $\mathbf{R}^3$ 中的曲面),

$$\frac{1}{2\pi}\int_M KdA = \frac{1}{2\pi}\int_M G^*\omega_2 = \frac{1}{2\pi}(\deg G)\int_{S^2}\omega_2$$
$$= \frac{1}{2\pi}\cdot\frac{1}{2}\chi(M)\cdot 4\pi = \chi(M).$$

这给出了 $\mathbf{R}^3$ 中曲面的高斯－博内定理的一个几何证明.

我们可以看出,霍普夫的证明所用的方法是外蕴的,即仍然是假定

M 可以等距地嵌入欧氏空间 $\mathbf{R}^{n+1}$ 中. 而且, 这种外蕴的方法经过 C. B.
艾伦多弗([4], 1940)、W. 芬切尔([5], 1940) 以及 C. B. 艾伦多弗和
A. 韦伊([6], 1943) 的工作仍然没有突破.

然而我们知道, 高斯 - 博内定理本身只涉及黎曼流形 M 的内蕴不
变量, 为什么要将 M 嵌入欧氏空间才能证明呢? 这就是数学家们一直
耿耿于怀而又一直没有突破的地方. 这需要全新的思想和方法, 而这种
全新的思想和方法在理论上的突破和创造, 需要伟人的出现, 他将站在
巨人的肩膀上, 因而他必然比任何其他的人看得更高更远. 对于高斯 -
博内定理来说, 这个伟人就是陈省身.

下面, 我们简要地叙述陈省身的内蕴证明的基本思想.

陈省身于 1943 年 8 月左右给出了一个完全新的思想: 一个黎曼流
形 M 的单位球丛 $\pi: S(M) \to M$ 可以替代高斯映射. 这是表明纤维丛在
微分几何学中有用的一个先例.

陈省身的证明的关键步骤是: 存在球丛 $S(M)$ 上的一个 $(2n-1)$-
形式 Π, 使得

$$\pi^* \Omega = \mathrm{d}\Pi,$$

也就是, 提升到球丛 $S(M)$ 上, Ω 成为恰当微分形式! 这种在 M 上非恰
当的微分形式拉回到 M 的主丛的全空间上成为恰当微分形式的现象
称为 "超渡", 这个概念在陈省身的证明中起了极为重要的作用.

这里的 Ω 称为 M 的高斯 - 博内被积函数, 它是这样定义的: 对于
维数 $m = 2n > 2$, 设 $\{\Omega_j^i\}$ 为一超曲面 M 上局部定义的曲率形式, Ω 是大
范围定义的 $2n$-形式:

$$\Omega = \frac{1}{2^{2n} \pi^n n!} \sum \varepsilon_{i_1 \cdots i_{2n}} \Omega_{i_2}^{i_1} \cdots \Omega_{i_{2n}}^{i_{2n-1}},$$

这里 $\varepsilon_{i_1 \cdots i_{2n}}$ 为 $+1$ 或 -1, 取决于 $i_1, \cdots, i_{2n}$ 是 $1, \cdots, 2n$ 的一个偶排列还是
奇排列, 其他情况下等于 0. 计算表明

$$G^* \omega_{2n} = \frac{v(S^{2n})}{2} \Omega.$$

现在, 设 v 为 M 上的仅有一个奇点 $x_0 \in M$ 的单位切向量场, 那么 v
是 $M \setminus \{x_0\}$ 上的球丛 $S(M)$ 的一个截面. 由斯托克斯定理得

$$\int_M \Omega = \int_{S_{x_0}} v^* \Pi.$$

陈省身注意到 (超渡 (transgression) 概念的诞生): 在每一个纤维
S_{x_0} 上, 形式 Π 严格地等于 S_{x_0} 的体积元素乘上一个常数 $\dfrac{(n-1)!}{2\pi^n}$. 所以,
根据微分流形切向量场理论的庞加莱 - 霍普夫指标定理, 我们有

$$\int_{S_{x_0}} v^* \varPi = \chi(M).$$

这就得到高斯－博内定理的内蕴证明.

陈省身教授在他的著作《微分几何讲义》中,把他的这一证明的思想概述如下:"……关键是把 M 上的二次外微分形式 $Kd\sigma$ 表示成 $-d\theta_{12}$,而后者是在 M 的标架丛上考虑的,也就是在 M 的球丛(M 的单位切矢量构成的纤维丛)上考虑的.这样原来在 M 上的积分就转换成在球丛的截面上的积分,然而球丛的截面(即单位切矢量场)未必存在,于是通过斯托克斯定理化为绕奇点的积分,得到矢量场在奇点的指标.上面的想法在证明高维高斯－博内定理时得到充分的体现."([7],165 页;或[8])

正是由于陈省身的证明第一次明确地应用了内蕴丛——长度为 1 的内蕴丛,整个的问题才一劳永逸地得到了解决.陈省身"给广义高斯－博内公式一个内蕴证明,进而引入复向量丛的示性类,即现在所称的'陈示性类',并给出陈示性类的一个漂亮的、用曲率张量写出的公式.示性类的局部性质是曲率,其整体性质基于映射的同伦性,两者交织在一起便成为几何学的基本工具".([9],380 页)

国际著名数学家丘成桐教授指出:"陈的证明第一次清楚地引入了内蕴丛,也就是单位长度的切向量丛上的运算,让整个领域的面貌焕然一新.一个世纪前,高斯建立了内蕴几何的概念.陈的关于高斯－博内定理的证明开创了全新的领域.整体拓扑通过纤维丛以及切球丛上的超渡,与内蕴几何建立了联系.我们看到了整体内蕴几何揭开了崭新的一页."([10])因此,现在的文献称高斯－博内定理为高斯－博内－陈定理,以示对陈省身教授的贡献的永久纪念.

美国加州大学伯克利分校的微分几何学家伍鸿熙教授在文献[11]中,对陈省身关于高斯－博内定理的内蕴证明的思想进行了详细的论述.下面,我们引述伍鸿熙教授 2006 年 6 月 9 日在北京国际多复变函数论会议上所做的报告"Historical Development of the Gauss-Bonnet Theorem"中对陈省身的内蕴证明所给的附加评论的总结,伍鸿熙教授指出[1]:

第一,在陈省身的证明中有两个伟大的思想.首先,高斯－博内被积函数 Ω 成为球丛 $S(M)$ 上的恰当形式;其次,由于 Ω 是 M 上的最高维形式,因而自动地成为闭微分形式,因此由德拉姆定理可表示为一个上同

---

① 转引自伍鸿熙教授 2006 年 6 月 9 日在北京国际多复变函数论会议上所做的报告"Historical Development of the Gauss－Bonnet Theorem".

调类. 这是一个用黎曼度量的曲率形式来表示一个上同调类的标准形式的先例.

第二, 在几何学中, 陈省身的开创性思想首次揭示了对流形的理解需要同时理解其相应的纤维丛. 1944 年, 这是一个主要的突破——A. 韦伊语 (1978).

第三, 运用曲率形式和德拉姆定理生成典范上同调类的思想立即给出了陈类的定义. 由于技术上的原因, 陈省身仅能作出对于埃尔米特流形的情形, 而不是黎曼流形的情形. 换句话说, 特别地对于酉群, 他定义了示性类. 非常幸运的是, 他首先揭示了: **当一个丛的结构群是一个除正交群以外的李群时, 该丛有它自己的示性类**. 这一发展在陈 – 韦伊同态中达到了顶点, 并且导致了我们关于示性类观点的变化.

第四, 在复几何中, 陈类的引进为在代数几何 (典范类、托德亏格等) 中精确地定义经典的不变量提供了必要的牢固基础. 这些类的由曲率形式表示的存在性允许我们在代数簇的研究中引进几何的考虑. 两者的发展引起了超代数几何的巨大变化, 并最终使得抽象的代数几何有了众多的分支.

第五, 根据曲率和超渡的概念, 示性形式的存在性使得根据几何条件来定义第二类不变量 (陈 – 西蒙斯不变量) 成为可能.

R. S. 帕莱斯和藤楚莲在为陈省身教授写的传记中指出: “……陈省身的内蕴证明却是进入示性类的秘门钥匙.” ([9], 383 页) 由于对整体微分几何学的杰出贡献, 以及由此而对数学整体产生深远的影响, 陈省身先生于 1984 年获沃尔夫奖①.

8.3　高斯 – 博内定理与现代数学的关联一瞥

通过高斯 – 博内定理从高斯到陈省身给出内蕴证明的历史发展过程, 可以看出, 这一定理联系着黎曼流形、微分流形以及拓扑流形等现代微分几何学的最基本的同时也是核心的概念. 特别是高斯 – 博内定理联系着欧拉示性数, 我们知道, 欧拉示性数是整体不变量的源泉和出发点, 它与现代数学的广大领域如示性类、同调和层的上同调、组合拓扑、椭圆拓扑等有着密切的联系 ([12], 234 页). 因而这也就使得高斯 – 博内定理有着特殊意义, 其中有几个关键的联结:

---

① 沃尔夫基金会公告原文如下: “for outstanding contributions to global differential geometry, which have profoundly influenced all mathematics. ”

第一个联结是高斯－博内定理表现在微分流形上具有孤立零点的一个光滑向量场的指标和与紧致流形 M 的最基本的拓扑不变量——欧拉示性数 $\chi(M)$ 联系在一起,有重要的

庞加莱－霍普夫定理([13]):令 M **为一紧致流形,** ξ **是** M **上具有孤立零点的一个光滑向量场,如果** M **有边,则要求** ξ **在所有边点上都指向外. 那么在这样一个向量场上的所有零点处的指数和等于** M **的欧拉示性数,即**

$$\sum_{i=1}^{r} I_{p_i} = \chi(M).$$

注:这个定理的二维情形是由庞加莱在 1885 年证明的. 全部定理是霍普夫在 1926 年接着布劳沃和阿达马的较早部分结果之后证明的.

第二个联结是高斯－博内定理表现在黎曼流形上的基本不变量——高斯曲率与紧致流形 M 上的最基本的拓扑不变量——欧拉示性数 $\chi(M)$ 联系在一起,有重要的

高斯－博内－陈定理:设 M **是** $2n$ **维紧致的定向黎曼流形,则有**

$$\int_{M} K \mathrm{d}\sigma = \chi(M),$$

其中 $\mathrm{d}\sigma = \theta_1 \wedge \theta_2 \wedge \cdots \wedge \theta_{2n}$ 是 M 的体积元素, K 是 M 的利普希茨－基灵曲率,

$$K = \frac{1}{2^{2n}(2\pi)^n n!} \delta_{j_1 \cdots j_{2n}}^{i_1 \cdots i_{2n}} R_{i_1 i_2 j_1 j_2} \cdots R_{i_{2n-1} i_{2n} j_{2n-1} j_{2n}},$$

$\chi(M)$ 是 M 的欧拉示性数.

正因为高斯－博内－陈定理联系着欧拉示性数这一整体拓扑不变量,才使得它在现代数学的发展中就与组合拓扑(流形的剖分的各维胞腔的个数之交替和)、代数拓扑(流形的贝蒂数)、微分拓扑(德拉姆上同调群的维数之和)以及霍奇理论(流形上谐和形式的维数)等建立了广泛的联系.

另一最重要的联结则是陈省身的内蕴证明及示性类的引进,使得高斯－博内－陈定理与指标定理相联结. 2006 年 10 月 28 日,著名数学家、南开数学研究所所长张伟平教授在纪念陈省身先生诞辰 95 周年的报告《指标定理在中国的萌芽》中指出:"陈省身的工作为 20 世纪最伟大的数学成果之一的阿蒂亚－辛格指标定理奠定了基础,表现在以下两个方面:其一,高斯－博内－陈定理可以看成第一个在任意维数都成立的指标定理的特例,是指标定理的先驱;第二,指标定理中的拓扑指标本身就是用陈示性类来定义的,这反映了陈示性类的不可或缺的基本重要性!"

从高斯给出高斯－博内定理的最初形式到高维的推广,再到陈省身

的内蕴证明,这一过程是异常艰深的,它揭示了高斯曲率在流形上的积分与流形的整体拓扑不变量——欧拉示性数以及微分流形上的切向量场的指标(庞加莱－霍普夫指标定理)等的内在的深刻联系,特别是陈省身的内蕴证明孕育了陈示性类和超渡思想,开创了整体微分几何学的新时代.

难怪高斯当初发现这一定理时,经过反复的比较,找不出能与这一定理的地位相当的第二个定理,因此,高斯本人对高斯－博内定理的评价是:

"这个定理,如果我们没有搞错的话,应该被认为是曲面理论中最优美的定理."([15],246 页)

综上所述,我们可以看出高斯－博内－陈定理在整个数学发展史中所具有的特殊地位和深远意义,它对于整个数学的发展乃至对于人类关于整个空间观念(包括空间性质)的变革和认知都具有重要的意义.

高斯是伟大的,他无愧于"数学王子"和"数学家之王"的称号!

参考文献

[1] Bonnet. MEMOIRE sur LA THREORIE GENERALE DES SURFACES. J. École Polytechnique. 1848,19:1－146.

[2] D. H. Gottlieb. All the way with Gauss-Bonnet and the Sociology of Mathematics. Amer. Math. Monthly,1996,103(6):457－469.

[3] M. W. Hirsch. Differential Topology. GTM33. Springer-Verlag, New York, 1993: 140－141.

[4] C. B. Allendoerfer. The Euler Number of a Riemannian manifold. Amer. J. Math. 1940,62:243－248.

[5] W. Fenchel. On the total curvature of Riemannian manifolds I. J. London Math. Soc. 1940,15:15－22.

[6] C. B. Allendoerfer, A. Weil. The Gauss-Bonnet theorem for Riemannian polyhedra. Trans. Amer. Math. Soc. ,1943,53:101－129.

[7] 陈省身,陈维桓. 微分几何讲义. 2 版. 北京:北京大学出版社,2004.

[8] S. S. Chern. A simple intrinsic proof of the Gauss－Bonnet formula for closed Riemann manifolds, Ann. of Math. ,1944,45:745－752.

[9] R. S. 帕莱斯,藤楚莲. 陈省身//张奠宙,王善平. 陈省身文集. 上海:华东师范大学出版社,2002.

［10］丘成桐.陈省身在几何上的贡献.纪念陈省身几何学国际会议报告,2005 年 5 月 13 日,哈佛大学.

［11］伍鸿熙,陈维桓.黎曼几何选讲.北京:北京大学出版社,1993:183－209.

［12］陈省身.从三角形到流形//张奠宙,王善平.陈省身文集.上海:华东师范大学出版社,2002:233－245.

［13］J. W. Milnor. Topology from the Differentiable Viewpoint, Princeton University Press.（中译本:从微分观点看拓扑.熊金城,译.上海:上海科学技术出版社,1983.）

［14］张伟平.指标定理在中国的萌芽:纪念陈省身先生 95 诞辰特稿,2006 年 10 月 28 日.

［15］C. F. Gauss. Werke（Band IV）. Herausgegeben von der K. Gesellschaft der Wissenschaften zu,Gottingen,1873.

［16］T. Hall. 高斯:伟大数学家的一生.田光复,等,译.3 版.台北:台湾凡异出版社,1986:100.

［17］陈省身.什么是几何学//张奠宙,王善平.陈省身文集.上海:华东师范大学出版社,2002:267－273.

［18］А. Д. 亚历山大洛夫.凸曲面的内蕴几何学.吴祖基,译.北京:科学出版社,1962.

［19］S. S. Chern. Characteristic classes of Hermitian manifolds,Ann. of Math. ,1946,47:85－121.

［20］P. Griffiths,J. Harris. Principles of Algebraic Geometry,John Wiley & Sons,1978.

［21］H. Hopf. Differential Geometry in the Large:Seminar Lectures NYU 1946 and Stanford 1956. Lecture Notes in Mathematics,Springer Verlag,1000（1983）.

附录 1 高斯论保形表示——将给定凸曲面投影到另一给定曲面而使最小部分保持相似的一般方法（哥本哈根，1822 年）

按语：高斯于 1822 年 12 月 11 日提交给哥本哈根皇家科学学会的论文，标题为《将给定凸曲面投影到另一给定曲面而使最小部分保持相似的一般方法》，是为皇家科学学会的征奖问题而提交的论文，该文于 1823 年获奖，1825 年正式出版. 该文在数学史上首次对保形映射作了一般性的论述，建立了等距映射的雏形，特别的是，这篇论文在处理曲面理论的思想方法上奠定了后来高斯《关于曲面的一般研究》的基本思路. 因而，它在数学史上，特别是在微分几何学的发展史上有着特殊的意义. 由于缺乏从数学史的角度对该文的专门研究，国内更是没有该文的中译文，因此，笔者参照《高斯全集》第 4 卷德文原文(C. F. Gauss, Werke Ⅳ, Gottingen 1880, 189—216)，根据 DAVID EUGENE SMITH 主编的 A SOURCE BOOK IN MATHEMATICS (1928 年，第一版，463—475 页) 中的英译文 GAUSS ON CONFORMAL REPRESENTATION (其英文翻译系 Herbert P. Evans 博士所译)译出，其中，我们纠正了第 466 页第 9 行的公式中的错误.

§1

曲面的性质由联系曲面上的每一点的坐标 x, y, z 的一个方程所确定. 作为这个方程的一个结果，这三个变量中的每一个可以看成另外两个变量的函数. 一般地，引进两个新的变量 t, u，并且将每一个变量 x, y, z 表示为 t 和 u 的函数. 那么，至少在一般意义上，用这种方法所表示的 t 和 u 的确定的值是和曲面上一个固定的点相联系的，反之亦然.

§2

假设变量 X, Y, Z, T, U 是另一曲面上, 并且和第一张曲面上的变量 x, y, z, t, u 具有相同的意义的另一组变量.

§3

将一曲面表示到另一曲面上就是规定一种规则, 通过这一规则使得一曲面上的每一点对应于另一曲面上的一个确定的点. 这可以通过把 T 和 U 作为另外的两个变量 t 和 u 的确定的函数而完成. 这些函数不能假定为任意的, 即这种表示必须满足一定的条件. 由此可得 X, Y, Z 也成为 t 和 u 的函数, 除了由这两个曲面所规定的性质的条件之外, 这些函数还必须满足在表示中所必须满足的全部的条件.

§4

皇家科学学会的问题是指定曲面的表示应该与被表示的曲面在它的最小部分保持相似. 首先, 这一必要的条件必须用分析的公式来表示. 通过微分这些用变量 t 和 u 所表示的函数 x, y, z 和 X, Y, Z, 得到以下结果:

$$\mathrm{d}x = a\mathrm{d}t + a'\mathrm{d}u,$$
$$\mathrm{d}y = b\mathrm{d}t + b'\mathrm{d}u,$$
$$\mathrm{d}z = c\mathrm{d}t + c'\mathrm{d}u,$$
$$\mathrm{d}X = A\mathrm{d}t + A'\mathrm{d}u,$$
$$\mathrm{d}Y = B\mathrm{d}t + B'\mathrm{d}u,$$
$$\mathrm{d}Z = C\mathrm{d}t + C'\mathrm{d}u.$$

规定的条件要求满足: 第一, 在第二个曲面上且包含于曲面内的从一点出发的所有方向的短线段的弧长应该与第一个曲面上相应的线段之弧长成比例; 第二, 在第一个曲面上由这些相交线段所成的每一个角应该与第二个曲面上相应的线段所成之角相等.

第一个曲面上的一个线元素可以写成

$$\sqrt{(a^2 + b^2 + c^2)\mathrm{d}t^2 + 2(aa' + bb' + cc')\mathrm{d}t \cdot \mathrm{d}u + (a'^2 + b'^2 + c'^2)\mathrm{d}u^2},$$

而第二个曲面上相应的线元素是

$$\sqrt{(A^2 + B^2 + C^2)\mathrm{d}t^2 + 2(AA' + BB' + CC')\mathrm{d}t \cdot \mathrm{d}u + (A'^2 + B'^2 + C'^2)\mathrm{d}u^2},$$

为了使这两个弧长元素独立于 $\mathrm{d}t$ 和 $\mathrm{d}u$ 而成一给定的比例, 很显然, 三个量

$$a^2 + b^2 + c^2, \quad aa' + bb' + cc', \quad a'^2 + b'^2 + c'^2$$

必须各自正比例于

$$A^2 + B^2 + C^2, \quad AA' + BB' + CC', \quad A'^2 + B'^2 + C'^2.$$

如果第一个曲面上的另一个线元素的端点对应于值 t, u 和 $t + \delta t, u + \delta u$, 那么这个线元素和第一个线元素所成的角的余弦值为

$$\begin{aligned}
&[\,(a\mathrm{d}t + a'\mathrm{d}u)(a\delta t + a'\delta u) + (b\mathrm{d}t + b'\mathrm{d}u)(b\delta t + b'\delta u) \\
&+ (c\mathrm{d}t + c'\mathrm{d}u)(c\delta t + c'\delta u)\,] \\
&\Big/\Big[\,\sqrt{(a\mathrm{d}t + a'\mathrm{d}u)^2 + (b\mathrm{d}t + b'\mathrm{d}u)^2 + (c\mathrm{d}t + c'\mathrm{d}u)^2} \\
&\cdot \sqrt{(a\delta t + a'\delta u)^2 + (b\delta t + b'\delta u)^2 + (c\delta t + c'\delta u)^2}\,\Big].
\end{aligned}$$

第二个曲面上相应的线元素所成的角的余弦值由相类似的公式给出, 这一公式仅需将 a, b, c, a', b', c' 用 A, B, C, A', B', C' 代替. 明显地, 如果上面提到的比例存在, 那么这两个公式相等, 并且第二个条件因此而包含于第一个条件之中, 这只要对这一条件本身作一点思考也是很显然的.

因此, 我们的问题的分析表达式就是方程

$$\frac{A^2 + B^2 + C^2}{a^2 + b^2 + c^2} = \frac{AA' + BB' + CC'}{aa' + bb' + cc'} = \frac{A'^2 + B'^2 + C'^2}{a'^2 + b'^2 + c'^2}$$

应该成立. 这一比例将是 t 和 u 的一个有限的函数, 我们把它记为 m^2. 那么 m 是一比例, 这一比例表示第一个曲面上的线元素表示于第二个曲面上其线元素是增加或减小 (根据 m 是大于或小于单位元). 一般地说, 不同的点这个比例也将不同; 在特殊情形下, 如 m 是一个常数, 相应的有限部分也相似. 然而, 如果 $m = 1$, 那么在这一部分将完全相同, 此时一个曲面可以展开到另一个曲面上.

§5

为了简单起见, 我们记

$$(a^2 + b^2 + c^2)\mathrm{d}t^2 + 2(aa' + bb' + cc')\mathrm{d}t \cdot \mathrm{d}u + (a'^2 + b'^2 + c'^2)\mathrm{d}u^2 = \omega,$$

注意到微分方程 $\omega = 0$ 允许两次积分. 由于三项式 ω 可以分解为 $\mathrm{d}t$ 和 $\mathrm{d}u$ 的两个线性因子, 每一个因子必须等于 0, 结果可得两个不同的积分. 其中的一个积分相应于方程

$$\begin{aligned}
0 = (a^2 + b^2 + c^2)\mathrm{d}t &+ \big[(aa' + bb' + cc') \\
&+ \mathrm{i}\sqrt{(a^2 + b^2 + c^2)(a'^2 + b'^2 + c'^2) - (aa' + bb' + cc')^2}\,\big] \cdot \mathrm{d}u
\end{aligned}$$

(这里, 将 $\sqrt{-1}$ 简单地记为 i, 由于容易看到表达式中的无理数部分必定是虚数); 另一个积分将相应于一个非常相似的等式, 即通过把 i 改

变为 $-\mathrm{i}$ 而得到. 因此, 如果第一个等式的积分是

$$p + \mathrm{i}q = 常数,$$

这里 p 和 q 表示 t 和 u 的实函数, 另一个积分将为

$$p - \mathrm{i}q = 常数.$$

因此, 由这一情形的性质有

$$(\mathrm{d}p + \mathrm{i}\,\mathrm{d}q)(\mathrm{d}p - \mathrm{i}\,\mathrm{d}q)$$

或者

$$\mathrm{d}p^2 + \mathrm{d}q^2$$

必定为 ω 的一个因子, 或

$$\omega = n(\mathrm{d}p^2 + \mathrm{d}q^2),$$

这里 n 是 t 和 u 的一个确定的函数.

现在, 我们用 Ω 记三项式

$$\mathrm{d}X^2 + \mathrm{d}Y^2 + \mathrm{d}Z^2,$$

这个三项式当 $\mathrm{d}X, \mathrm{d}Y, \mathrm{d}Z$ 用含 $T, U, \mathrm{d}T, \mathrm{d}U$ 的项的值替换后将变化, 又假设上述的方程 $\Omega = 0$ 的两个积分是

$$P + \mathrm{i}Q = 常数,$$
$$P - \mathrm{i}Q = 常数$$

和

$$\Omega = N(\mathrm{d}P^2 + \mathrm{d}Q^2),$$

这里 P, Q, N 是 T 和 U 的实函数. 这些积分(除了积分法的一般困难性之外)可以显著地实现前面的主要问题的解决.

现在, 如果用 t 和 u 的函数替代 T, U 的函数, 并使得我们的主要问题的条件仍然满足, 那么 Ω 可以用 $m^2\omega$ 代替, 我们有

$$\frac{(\mathrm{d}P + \mathrm{i}\,\mathrm{d}Q)(\mathrm{d}P - \mathrm{i}\,\mathrm{d}Q)}{(\mathrm{d}p + \mathrm{i}\,\mathrm{d}q)(\mathrm{d}p - \mathrm{i}\,\mathrm{d}q)} = \frac{m^2 n}{N}.$$

然而, 很容易看出, 这个等式的左边的分子能被分母整除, 仅当或者

$$\mathrm{d}P + \mathrm{i}\,\mathrm{d}Q \ 被 \ \mathrm{d}p + \mathrm{i}\,\mathrm{d}q \ 整除$$

和

$$\mathrm{d}P - \mathrm{i}\,\mathrm{d}Q \ 被 \ \mathrm{d}p - \mathrm{i}\,\mathrm{d}q \ 整除,$$

或者

$$\mathrm{d}P + \mathrm{i}\,\mathrm{d}Q \ 被 \ \mathrm{d}p - \mathrm{i}\,\mathrm{d}q \ 整除$$

和

$$\mathrm{d}P - \mathrm{i}\,\mathrm{d}Q \ 被 \ \mathrm{d}p + \mathrm{i}\,\mathrm{d}q \ 整除.$$

因此, 在第一种情形, 如果 $\mathrm{d}p + \mathrm{i}\,\mathrm{d}q = 0$ 那么 $\mathrm{d}P + \mathrm{i}\,\mathrm{d}Q = 0$, 或者如果 $p + \mathrm{i}q$ 为常数, $P + \mathrm{i}Q$ 也将等于常数, 也就是说 $P + \mathrm{i}Q$ 仅为 $p + \mathrm{i}q$ 的一个

函数;同样地,$P - iQ$ 仅为 $p - iq$ 的一个函数. 在另一情形,$P + iQ$ 仅为
$p - iq$ 的函数,$P - iQ$ 为 $p + iq$ 的函数. 很容易理解,反过来这些结论也
成立;也就是说,如果假设 $P + iQ$,$P - iQ$ 为(分别为,或者是反过来)p
$+ iq$,$p - iq$ 的函数,Ω 被 ω 的有限的可除性成立,以及按照所说的情形
所需要的比例性存在.

更进一步,容易看出,比如说,如果我们设
$$P + iQ = f(p + iq)$$
和
$$P - iQ = f'(p - iq),$$
函数 f' 的性质依赖于函数 f 的性质. 也就是说,为了使 P,Q 的实数值相
应于 p,q 的实数值,如果后者可能包含的常数都是实的,那么 f' 必定与
f 恒等. 相反,假设函数 f' 可以仅从函数 f 中以 $-i$ 替换 i 而获得. 由此,
我们有
$$P = \frac{1}{2}f(p + iq) + \frac{1}{2}f'(p - iq),$$
$$iQ = \frac{1}{2}f(p + iq) - \frac{1}{2}f'(p - iq).$$

或者,同样的理由,当假定函数 f 为非常任意的函数(如果愿意的话,也
可包含常数虚数),以 P 替换函数 $f(p + iq)$ 的实部,iQ(在第二种解的
情形为 $-iQ$)替换函数 $f(p + iq)$ 的虚部,那么消去 T 和 U,它们将可以
表达为 t 和 u 的函数. 这样给定的问题就得到了一个完全的和一般的
解决方法.

§6

如果 $p' + iq'$ 表示 $p + iq$ 的一个任意函数(这里 p',q' 是 p,q 的实函
数),容易看出方程
$$p' + iq' = 常数, \quad p' - iq' = 常数$$
也表示了微分方程 $\omega = 0$ 的积分;事实上,这些方程也分别等价于方程
$$p + iq = 常数, \quad p - iq = 常数.$$
类似地,如果 $P' + iQ'$ 表示 $P + iQ$ 的一个任意函数(这里 P',Q' 是 P,Q
的实函数),那么微分方程 $\Omega = 0$ 的积分
$$P' + iQ' = 常数, \quad P' - iQ' = 常数$$
将分别等价于
$$P + iQ = 常数, \quad P - iQ = 常数.$$
从这里,显然地有,在我们的问题的一般解决方法中(这一方法已经在

前述部分给出了), p', q' 取代 p, q 的位置, 而 P', Q' 分别替代 P, Q. 尽管由此替代而得到的解法没有更大的一般性, 然而在应用中, 有时比起其他形式而言这也是一种更有用的形式.

§7

如果由任意函数 f, f' 的微分而得的函数分别称为 φ 和 φ', 那么
$$\mathrm{d}f(v) = \varphi(v)\mathrm{d}v, \quad \mathrm{d}f'(v) = \varphi'(v)\mathrm{d}v,$$
作为我们的一般解的一个结果, 我们有
$$\frac{\mathrm{d}P + \mathrm{i}\mathrm{d}Q}{\mathrm{d}p + \mathrm{i}\mathrm{d}q} = \varphi(p + \mathrm{i}q), \quad \frac{\mathrm{d}P - \mathrm{i}\mathrm{d}Q}{\mathrm{d}p - \mathrm{i}\mathrm{d}q} = \varphi'(p - \mathrm{i}q).$$
因此
$$\frac{m^2 n}{N} = \varphi(p + \mathrm{i}q) \cdot \varphi'(p - \mathrm{i}q).$$
因而, 伸缩的比例将由下面的公式
$$m = \sqrt{\frac{\mathrm{d}p^2 + \mathrm{d}q^2}{\omega} \cdot \frac{\Omega}{\mathrm{d}P^2 + \mathrm{d}Q^2} \cdot \varphi(p + \mathrm{i}q) \cdot \varphi'(p - \mathrm{i}q)}$$
所定义.

§8

现在, 我们将通过几个例子来说明我们的一般解法, 借此, 各种各样的应用以及所考虑的若干细节的性质都将最大限度地变得明晰.

首先考虑两个平面, 在这一情形, 我们可以将平面写成
$$x = t, \quad y = u, \quad z = 0;$$
$$X = T, \quad Y = U, \quad Z = 0.$$
微分方程
$$\omega = \mathrm{d}t^2 + \mathrm{d}u^2 = 0$$
在此给出两个积分
$$t + \mathrm{i}u = 常数, \quad t - \mathrm{i}u = 常数.$$
同理, 微分方程
$$\Omega = \mathrm{d}T^2 + \mathrm{d}U^2 = 0$$
的两个积分如下:
$$T + \mathrm{i}U = 常数, \quad T - \mathrm{i}U = 常数.$$
问题的两种一般解法相应地为
$$\mathrm{I}. \, T + \mathrm{i}U = f(t + \mathrm{i}u), \quad T - \mathrm{i}U = f'(t - \mathrm{i}u);$$
$$\mathrm{II}. \, T + \mathrm{i}U = f(t - \mathrm{i}u), \quad T - \mathrm{i}U = f'(t + \mathrm{i}u).$$

这些结果也可以表达为:如果 f 表示一任意函数,$f(x+\mathrm{i}y)$ 的实部为 X,虚部为 Y 或 $-Y$(不考虑因子 i).

如果 φ,φ' 的意义同 §7,且设

$$\varphi(x+\mathrm{i}y)=\xi+\mathrm{i}\eta,\quad \varphi'(x-\mathrm{i}y)=\xi-\mathrm{i}\eta,$$

显然,这里 ξ 和 η 是 x 和 y 的实函数,那么在第一种解法的情形,我们有

$$\mathrm{d}X+\mathrm{i}\mathrm{d}Y=(\xi+\mathrm{i}\eta)(\mathrm{d}x+\mathrm{i}\mathrm{d}y),$$
$$\mathrm{d}X-\mathrm{i}\mathrm{d}Y=(\xi-\mathrm{i}\eta)(\mathrm{d}x-\mathrm{i}\mathrm{d}y),$$

因此

$$\mathrm{d}X=\xi\mathrm{d}x-\eta\mathrm{d}y,$$
$$\mathrm{d}Y=\eta\mathrm{d}x+\xi\mathrm{d}y.$$

现在,取

$$\xi=\sigma\cos\gamma,\quad \eta=\sigma\sin\gamma;$$
$$\mathrm{d}x=\mathrm{d}s\cdot\cos g,\quad \mathrm{d}y=\mathrm{d}s\cdot\sin g;$$
$$\mathrm{d}X=\mathrm{d}S\cdot\cos G,\quad \mathrm{d}Y=\mathrm{d}S\cdot\sin G.$$

借此定义第一个平面上的一个线元素 $\mathrm{d}s$ 与 x 轴所成的角为 g,第二个平面上相应的线元素 $\mathrm{d}S$ 与 X 轴所成的角为 G. 从这些方程就有

$$\mathrm{d}S\cdot\cos G=\sigma\mathrm{d}s\cdot\cos(g+\gamma),$$
$$\mathrm{d}S\cdot\sin G=\sigma\mathrm{d}s\cdot\sin(g+\gamma).$$

如果把 σ 看成正的(这是允许的),就得到

$$\mathrm{d}S=\sigma\mathrm{d}s,\quad G=g+\gamma.$$

由此可以看到(与 §7 相同)σ 代表了用线元素 $\mathrm{d}s$ 表示 $\mathrm{d}S$ 时的放大率的比例,并且作为必要条件,σ 独立于 g;由于 γ 也独立于 g(注:γ 独立于 g,是由于 σ 和 ξ,η 都独立于 g 的事实),这样就得到第一个平面上从一点出发的所有线元素可以由第二个平面上的线元素来表示,这些线元素交成相同的角. 在同样的意义下,第二个平面上相应的线元素也有相同的性质.

如果 f 是一线性函数,使得 $f(v)=A+Bv$,这里的常数系数为如下形式:

$$A=a+b\mathrm{i},\quad B=c+e\mathrm{i},$$

那么

$$\varphi(v)=B=c+e\mathrm{i},$$

因此

$$\sigma=\sqrt{c^2+e^2},\quad \gamma=\arctan\frac{e}{c}.$$

(注:这一结果是由于这样的事实,在这一情形,$\xi = c, \eta = e$,且定义 $\sigma = \sqrt{\xi^2 + \eta^2}$.)因此,这一伸缩之比例在所有的点上是相同的,并且这一表示与被表示的平面是完全相似的.(注:这种相似性称为完全的,如果两个平面的特定部分是相似的.)对每一个其他的函数 f(正如我们可以容易地证明的),这种伸缩之比例将不再是常数,而这种相似性也仅发生在最小部分.

如果第二个平面上的点在表示中规定为对应于第一个平面上给定点的一个特定的数,那么利用通常的插值法,我们可以容易地发现满足这一条件的最简单的代数函数 f. 也就是说,如果我们对于给定的点指定 $x + iy$ 的值为 a, b, c 等,相应的 $X + iY$ 的值为 A, B, C 等,那么,我们必须取

$$f(v) = \frac{(v-b)(v-c) + \cdots}{(a-b)(a-c) + \cdots} \cdot A + \frac{(v-a)(v-c) + \cdots}{(b-a)(b-c) + \cdots} \cdot B$$
$$+ \frac{(v-a)(v-b) + \cdots}{(c-a)(c-b) + \cdots} \cdot C + \cdots,$$

这是一个 v 的代数函数,它的阶小于给定点的数目一个单位. 在只有两个点的情形,该函数是线性的,因此有完全的相似性.

如果用同样的方法完成第二种解法,我们发现这种相似性正好反转. 当所表示曲面上的所有线元素彼此所成的角与原曲面上的相应的线元素所成的角相同,但在反转的意义下,那么先前位于右边的现在位于左边. 然而这种不同不是本质的,如果我们把前一个平面的下侧看成后一个曲面的上侧,则这种不同就消失了.

§9 ~ §13

(略)

§14

剩下的是要考虑更完全的,在一般的解法中所引出的一种特性. 我们已经在 §5 中指出:由于或者 $P + iQ$ 是 $p + iq$ 的函数,$P - iQ$ 是 $p - iq$ 的函数;或者 $P + iQ$ 是 $p - iq$ 的函数,$P - iQ$ 是 $p + iq$ 的函数,因而总是正好有两种解法. 现在,我们将指出:在第一种解法的情形中,所表示的曲面的一部分总是与被表示的曲面相似的;而相反,在另一种解法中,它们位于反转的位置;同时,我们将指定一个标准,利用这个标准,这前面的问题可以被确定下来.

首先,我们考察完全的或是反转的相似性,且仅讨论这样的两个曲

面,在每一个曲面上的两侧是可以区分的,其中的一侧称为上侧,而另一侧称为下侧. 由于在某种程度上这在曲面本身是可以任意的,本质上来讲这两种解法没有一点区别. 当一个曲面的一侧(认为是上侧)看成下侧时,一个反转相似性就变成完全的相似性了. 由于曲面是仅由它们上面的点的坐标来定义的,因此,在我们的解法中,这种区分不能表达这一区别本身. 如果我们要考虑这种区分,那么曲面的性质首先必须用另一种方式来指定,这种方式包含了这一区分本身. 为了这一目的,我们将假设,第一张曲面的性质由方程 $\psi=0$ 所定义,这里 ψ 是一给定的坐标 x,y,z 的单值函数. 在曲面上的所有点上,ψ 的值都等于零,而在曲面以外的所有点上,它的值都不等于零. 一般地说,当一个点通过曲面时,ψ 的值将从正变为负,或者是向相反的方向变化,即从负变为正,也就是说,在其中的一侧,ψ 的值为正,而在另一侧为负;为正值的那一侧被认为是上侧,而另一侧则认为是下侧. 同样地,第二张曲面的性质类似地由方程 $\psi=0$ 所定义,这里 ψ 是一给定的坐标 X,Y,Z 的单值函数. 微分得到

$$\mathrm{d}\psi = e\mathrm{d}x + g\mathrm{d}y + h\mathrm{d}z,$$
$$\mathrm{d}\Psi = E\mathrm{d}X + G\mathrm{d}Y + H\mathrm{d}Z,$$

这里 e,g,h 是 x,y,z 的函数,而 E,G,H 是 X,Y,Z 的函数.

　　既然这些考虑(尽管这本身并不困难)具有某些不平常的类型,通过这些考虑可以达到我们的目的,我们将尽力给它们以最大的清晰性. 我们将假定六种中间的平面表示,这里的平面是嵌入在两个相互表示的曲面之间的,而曲面的方程分别为 $\psi=0$ 和 $\Psi=0$. 因此,对于我们的考虑就有八种不同的表示,即有如下的曲面:

相应的点的坐标为:

1. 在原来的曲面 $\psi=0$ 上…………… x,y,z
2. 表示在平面上…………… x,y,O
3. 表示在平面上…………… t,u,O
4. 表示在平面上…………… p,q,O
5. 表示在平面上…………… P,Q,O
6. 表示在平面上…………… T,U,O
7. 表示在平面上…………… X,Y,O
8. 表示在曲面 $\Psi=0$ 上…………… X,Y,Z

　　现在,我们将单独地比较这些不同的表示,这将涉及它们的无穷小线元素的相对位置,而完全不考虑它们长度的比例;有两种表示将被认

为是相似的,即从一点出发的两个线元素使得其中之一在一曲面上位于右侧,对应于另一曲面上的线元素也位于右侧;在相反的情形,这两个线元素则称为位于反转的情形.在平面 2–7 的情形,其第三个坐标为正的一侧将总被认为是上侧;另外,在第一种和最后一种曲面的情形,曲面的上侧和下侧之间的区别仅依赖于 ψ 和 Ψ 的值的正或负,正如我们前面已经约定的那样.

首先,很显然,在第一个曲面的每一个点上,给定 z 一个正的增量,而 x,y 保持不变,则那个点将达到曲面的上侧,2 中的表示将与 1 中的表示相似;明显地,这是当 h 为正的情形;而相反的情形则是在 h 为负的时候,在这一情形 2 的表示与 1 的表示的位置是反转的.

同样地,7 和 8 的表示是相似的或反转的情形,取决于 H 的正或负.

为了比较 2 和 3 的表示,设 $\mathrm{d}s$ 是前一曲面上从坐标为 x,y 的点到坐标为 $x+\mathrm{d}x, y+\mathrm{d}y$ 的另一点的一无穷小线元素的弧长,并设 l 表示这一线元素与 x 轴的正方向所成的角;在同样的意义下,当从 x 轴到 y 轴变化时,这个角度将增加;由此有

$$\mathrm{d}x = \mathrm{d}s \cdot \cos l, \quad \mathrm{d}y = \mathrm{d}s \cdot \sin l.$$

在 3 的表示中,设 $\mathrm{d}\sigma$ 表示与 $\mathrm{d}s$ 相应的线元素的弧长,并设 λ(与上面的意义相同)是 $\mathrm{d}\sigma$ 与 t 轴的正方向所成的角,因此有

$$\mathrm{d}t = \mathrm{d}\sigma \cdot \cos \lambda, \quad \mathrm{d}u = \mathrm{d}\sigma \cdot \sin \lambda.$$

因此,在 §4 的观点下,我们有

$$\mathrm{d}s \cdot \cos l = \mathrm{d}\sigma \cdot (a\cos \lambda + a'\sin \lambda),$$
$$\mathrm{d}s \cdot \sin l = \mathrm{d}\sigma \cdot (b\cos \lambda + b'\sin \lambda),$$

因此

$$\tan l = \frac{b\cos \lambda + b'\sin \lambda}{a\cos \lambda + a'\sin \lambda}.$$

现在,如果把 x 和 y 看成固定的,而把 l, λ 看成变量,通过微分我们就得到

$$\frac{\mathrm{d}l}{\mathrm{d}\lambda} = \frac{ab' - ba'}{(a\cos \lambda + a'\sin \lambda)^2 + (b\cos \lambda + b'\sin \lambda)^2}$$
$$= (ab' - ba')\left(\frac{\mathrm{d}\sigma}{\mathrm{d}s}\right)^2.$$

由此可以看出,根据 $ab' - ba'$ 的正或负,l 和 λ 将同时增加或是在相反的意义下变化,因此在第一种情形,2 和 3 的表示是相似的,而在第二种情形它们是反转的.

综合上述的这些结果,我们得到:表示 1 和 3 为相似的或反转的情

形,取决于 $(ab' - ba')/h$ 的正或负.

由于方程

$$edx + gdy + hdz = 0$$

也就是

$$(ea + gb + hc)dt + (ea' + gb' + hc')du = 0$$

在曲面 $\psi = 0$ 上必定成立,不管 dt 和 du 的比例如何选择,我们有恒等式

$$ea + gb + hc = 0 \quad \text{和} \quad ea' + gb' + hc' = 0.$$

从此可得到,e, g, h 必定分别成比例于量 $bc' - cb', ca' - ac', ab' - ba'$,因此

$$\frac{bc' - cb'}{e} = \frac{ca' - ac'}{g} = \frac{ab' - ba'}{h}.$$

我们可以应用这三个表达式中的任何一个,或者用正的量 $e^2 + g^2 + h^2$ 相乘得到对称表达式的结果

$$ebc' + gca' + hab' - ecb' - gac' - hba'$$

作为在 1 和 3 的表示中曲面的部分的相似性或反转相似性的一个标准.

同样地,在 6 和 8 的表示中,曲面的部分的相似性或反转相似性依赖于以下数量

$$\frac{BC' - CB'}{E} = \frac{CA' - AC'}{G} = \frac{AB' - BA'}{H}$$

的值的正负,或者(如果我们愿意)也依赖于下面对称量

$$EBC' + GCA' + HAB' - ECB' - GAC' - HBA'$$

的符号.

表示 3 和 4 的比较基于与 2 和 3 的表示之比较非常相似,它们的部分的相似性或反转相似性的情形取决于下述量

$$\frac{\partial p}{\partial t} \cdot \frac{\partial q}{\partial u} - \frac{\partial p}{\partial u} \cdot \frac{\partial q}{\partial t}$$

的正负号. 同样地,下述量

$$\frac{\partial P}{\partial T} \cdot \frac{\partial Q}{\partial U} - \frac{\partial P}{\partial U} \cdot \frac{\partial Q}{\partial T}$$

的正负号决定了表示 5 和 6 的曲面的部分的相似性或反转相似性.

最后,为了比较表示 4 和 5,我们可以应用 §8 的分析,从那里可以明显地看到,在它们的最小部分的相似性或反转相似性,取决于第一种或第二种解法的选择,也就是或者选择

$$P + iQ = f(p + iq), \quad P - iQ = f'(p - iq),$$

或者选择

$$P + iQ = f(p - iq) , \quad P - iQ = f'(p + iq).$$

从上述所有的讨论,现在我们可以总结如下:如果曲面 $\Psi = 0$ 的表示不仅与它在曲面 $\psi = 0$ 的像在其最小部分保持相似,而且在其位置上也保持相似,注意到必须要求以下四个量

$$\frac{ab' - ba'}{h}, \quad \frac{\partial p}{\partial t} \cdot \frac{\partial q}{\partial u} - \frac{\partial p}{\partial u} \cdot \frac{\partial q}{\partial t}, \quad \frac{\partial P}{\partial T} \cdot \frac{\partial Q}{\partial U} - \frac{\partial P}{\partial U} \cdot \frac{\partial Q}{\partial T}, \quad \frac{AB' - BA'}{H}$$

的数值均为负号. 如果没有或有偶数个数为负号,那么必须选择第一种解法;如果有一个或三个为负号,那么必须选择第二种解法. 其他的任何选择,其相似性总是反转的相似性.

更进一步,可以表明,如果上述四个量由 r, s, S, R 分别给定,那么方程

$$\frac{r \sqrt{e^2 + g^2 + h^2}}{s} = \pm n, \quad \frac{R \sqrt{E^2 + G^2 + H^2}}{S} = \pm N$$

总是成立的,这里 n 和 N 具有 §5 中同样的意义;在这里,我们略去了这个定理的容易发现的证明,然而,为了我们的目的,这是不必要的.

附录2 关于曲面的一般研究

卡·弗·高斯

提交给皇家学会,1827 年 10 月 8 日

按语:高斯的论文《关于曲面的一般研究》(disquisitiones generales circa superficies curves)开创了微分几何的新时代. 然而,在国内一直没有见到其中文译文. 笔者的导师李文林先生主编的著作《数学珍宝——历史文献精选》(科学出版社,1998)选译了高斯的论文《关于曲面的一般研究》的摘要部分. 鉴于高斯的论文是笔者的论文所要阐述的思想的核心主题,因此,笔者将其全文译出[①],以供参考. 本译文是根据 1902 年 A. Hiltebeitel 和 J. Morehead 的英译本并参照了高斯的原文译出. 翻译时纠正了英译本 §18、§20 中的排版错误. 英译本见 Peter Dombrowski. Differential Geometry – 150 Years After CARL FRIEDRICH GAUSS' disquisitiones generales circa superficies curves, asterisque, Vol. 62, 1979: 1 – 153, Soc. Math. France.

§1

当研究涉及空间中很多个不同直线的方向时,如果我们引进一个半径为单位长度、以任意点为中心的辅助球面,并假定用球面上不同的点表示不同的直线的方向(该方向与以球面上的点为端点的半径平行),那么,我们的研究将获得高度的明晰和简单. 由于空间中每一点的位置是由三个坐标所决定的,也就是由空间的点到三个互相垂直的固定平面的距离所决定的,因而,我们首先有必要考虑垂直于这些平面的轴的方向. 我们用(1)、(2)、(3)表示球面上表示这些方向的点. 其中的任意一个点到另外两个点中的任意一个的距离为 $\frac{\pi}{2}$ 的大圆;并且,我们

---

① 本译文得到中国科学院数学与系统科学研究院苏阳同志的细致的校对,在此表示感谢.

假定坐标轴的方向为相应的坐标增加的方向.

§2

我们把这类问题中经常用到的一些命题集中在一起,这对我们的研究是会有好处的.

Ⅰ. 两条相交直线的夹角由球面上相应于直线的方向的两点间的弧长来度量.

Ⅱ. 任意一个平面的定向可以由与该平面平行的平面交球面所得到的大圆的定向来表示.

Ⅲ. 两个平面的夹角等于和这两个平面相应的球面的大圆之间的球面角. 因此,也可以由这两个大圆的极点间的弧长来度量. 用同样的方法,一条直线与一个平面的倾斜角可以由沿球面上相应于直线的方向与球面的交点作垂直于与平面定向相同的大圆所截得的弧长来度量.

Ⅳ. 设 $x, y, z; x', y', z'$ 分别表示两个点的坐标,r 是它们之间的距离,L 表示球面上相应于从第一点到第二点的直线方向的点,那么我们有

$$x' = x + r\cos(1)L,$$
$$y' = y + r\cos(2)L,$$
$$z' = z + r\cos(3)L.$$

Ⅴ. 一般地,由此立即可以得出

$$\cos^2(1)L + \cos^2(2)L + \cos^2(3)L = 1.$$

如果 L' 表示球面上的另一任意的点,那么也有

$$\cos(1)L \cdot \cos(1)L' + \cos(2)L \cdot \cos(2)L' + \cos(3)L \cdot \cos(3)L' = \cos LL'.$$

Ⅵ. 定理:如果 L, L', L'', L''' 表示球面上的四个点,并且 A 表示由弧 $LL', L''L'''$ 在其交点处所成的交角,那么我们有

$$\cos LL'' \cdot \cos L'L''' - \cos LL''' \cdot \cos L'L'' = \sin LL' \cdot \sin L''L''' \cdot \cos A.$$

证明:设 A 也表示交点本身,且设

$$AL = t, \quad AL' = t', \quad AL'' = t'', \quad AL''' = t''',$$

那么,我们有

$$\cos LL'' = \cos t\cos t'' + \sin t\sin t''\cos A,$$
$$\cos L'L''' = \cos t'\cos t''' + \sin t'\sin t'''\cos A,$$
$$\cos LL''' = \cos t\cos t''' + \sin t\sin t'''\cos A,$$
$$\cos L'L'' = \cos t'\cos t'' + \sin t'\sin t''\cos A,$$

因此,

$$\cos LL''\cos L'L''' - \cos LL'''\cos L'L''$$
$$= \cos A \cdot (\cos t\cos t''\sin t'\sin t''' + \cos t'\cos t'''\sin t\sin t''$$
$$\quad - \cos t\cos t'''\sin t'\sin t'' - \cos t'\cos t''\sin t\sin t''')$$
$$= \cos A \cdot (\cos t\sin t' - \sin t\cos t') \cdot (\cos t''\sin t''' - \sin t''\cos t''')$$
$$= \cos A \cdot \sin(t' - t) \cdot \sin(t''' - t'')$$
$$= \cos A \cdot \sin LL' \cdot \sin L''L'''.$$

但是,由于从点 A 出发的每一个大圆都有两个分支,这两个分支在该点形成两个角,它们的和等于 $180°$. 而我们的分析表明,我们所考虑的分支,在某种意义上说它们的方向是从 L 到 L',以及从 L'' 到 L''';并且由于大圆相交于两点,显然这两个点中的任何一个都可以被选择加以考虑. 代替角 A,我们也可以考虑大圆的对极之间的弧(在这里 $\overset{\frown}{LL'}$, $\overset{\frown}{L''L'''}$ 是一部分). 但是,明显地,如果现在选择大圆的对极之间的弧,那么可以同样地替代这些弧的结果;这就是说,当我们考虑从 L 到 L',以及从 L'' 到 L''' 之间的弧,两弧或者都在对极的右边,或者都在左边.

VII. 设 L, L', L'' 是球面上的三个点,为了简洁,令
$$\cos(1)L = x, \quad \cos(2)L = y, \quad \cos(3)L = z;$$
$$\cos(1)L' = x', \quad \cos(2)L' = y', \quad \cos(3)L' = z';$$
$$\cos(1)L'' = x'', \quad \cos(2)L'' = y'', \quad \cos(3)L'' = z'';$$
以及
$$xy'z'' + x'y''z + x''yz' - xy''z' - x'yz'' - x''y'z = \Delta.$$

设 λ 表示大圆的极点(在这里 $\overset{\frown}{LL'}$ 是劣弧),极点是这样的点——正如点 (1) 被放置在弧 (2)、(3) 的同一位置那样. 那么,由前面的定理我们有
$$yz' - y'z = \cos(1)\lambda \cdot \sin(2)(3) \cdot \sin LL'.$$
由于 $(2)(3) = 90°$,因此
$$yz' - y'z = \cos(1)\lambda \cdot \sin LL'.$$
同样地,有
$$zx' - z'x = \cos(2)\lambda \cdot \sin LL',$$
$$xy' - x'y = \cos(3)\lambda \cdot \sin LL'.$$
分别用 x'', y'', z'' 乘以这些方程并相加,由 V 中的第二个定理,我们得到
$$\Delta = \cos \lambda L'' \cdot \sin LL'.$$

现在有 3 种情形必须加以区别:第 1 种情形,当 L'' 位于大圆上,而 $\overset{\frown}{LL'}$ 是这个大圆的劣弧,我们有 $\lambda L'' = 90°$,因此,$\Delta = 0$;如果 L'' 不在大圆上,第 2 种情形是 L'' 位于 λ 的同一侧;第 3 种情形是当它们位于对极的两

端. 在后两种情形, 点 L, L', L'' 将形成一个球面三角形, 而在第 2 种情形这些点将位于和点 (1)、(2)、(3) 同一方向, 第 3 种情形则位于相反的一侧.

将这个三角形的三个角简单地用 L, L', L'' 表示. 在球面上从点 L'' 作垂直线到边 LL' 于 p. 我们有

$$\sin p = \sin L \cdot \sin LL'' = \sin L' \cdot \sin L'L''$$

和

$$\lambda L'' = 90° \mp p.$$

上面的符号适合于第 2 种情形. 而下面的符号适合于第 3 种情形. 由此可以得到

$$\pm \Delta = \sin L \cdot \sin LL' \cdot \sin LL'' = \sin L' \cdot \sin LL' \cdot \sin L'L''$$
$$= \sin L'' \cdot \sin LL'' \cdot \sin L'L''.$$

然而, 明显地第 1 种情形可以认为包含于第 2 或第 3 种情形之中, 并且很容易看出表达式 $\pm \Delta$ 表示了由点 L, L', L'' 以及球面的中心所形成的锥体的体积的 6 倍. 最后, 由此显然地有表达式 $\pm \frac{1}{6} \Delta$ 表示任意锥体的体积, 这个锥体由坐标系的原点以及球面上的三点组成, 这三个点的坐标是 $x, y, z; x', y', z'; x'', y'', z''$.

§3

如果从 A 点到曲面上与 A 点相距无穷小的点的所有直线的方向, 与通过点 A 的同一个平面上的直线方向的偏斜为无穷小, 那么我们就称一个曲面在一点 A 处具有连续的曲率. 这个平面就称为过点 A 的曲面的切平面. 如果这个条件对某点不满足 (假如发生这种情况, 如锥面的顶点), 那么曲率的连续性在这点中断. 下面的研究将被严格地限制在这样的曲面, 或这样的曲面的一部分, 即具有连续的曲率而无处中断. 注意到由于在奇点处曲率的连续性中断了, 且必导致不确定的解, 因而, 我们用于考虑确定切平面的位置的方法在奇点处将失去意义.

§4

利用 A 点处的切平面的法线方向 (这一方向也称为 A 点处的曲面的法向) 来确定切平面的定向, 这对于切平面的定向的研究会是很方便的. 我们将用相应的辅助球面上的点 L 表示这一法方向, 并设

$$\cos(1)L = X, \quad \cos(2)L = Y, \quad \cos(3)L = Z;$$

用 x, y, z 表示点 A 的坐标. 又设 $x + dx, y + dy, z + dz$ 为曲面上另一点 A'

的坐标;ds 为从点 A 到点 A' 的无穷小距离;最后,设 λ 为球面上与线元素 AA' 的方向相应的点. 那么我们有

$$dx = ds \cdot \cos(1)\lambda, \quad dy = ds \cdot \cos(2)\lambda, \quad dz = ds \cdot \cos(3)\lambda.$$

并且,由于 $\lambda L = 90°$,

$$X\cos(1)\lambda + Y\cos(2)\lambda + Z\cos(3)\lambda = 0,$$

联立这些等式,我们得到

$$Xdx + Ydy + Zdz = 0.$$

有两种一般的方法来定义一个曲面.

第 1 种方法是利用坐标 x,y,z 之间的方程,我们可以假定这一方程已经归约为形式 $W=0$,这里 W 是未定元 x,y,z 的一个函数. 设函数 W 的全微分为

$$dW = Pdx + Qdy + Rdz,$$

在曲面上,我们有

$$Pdx + Qdy + Rdz = 0,$$

因此

$$P\cos(1)\lambda + Q\cos(2)\lambda + R\cos(3)\lambda = 0.$$

由于这些方程(以及我们上面得到的方程)必定对曲面上所有线元素 ds 的方向都成立,我们很容易看出:X,Y,Z 必定分别成比例于 P,Q,R,因此,由于

$$X^2 + Y^2 + Z^2 = 1,$$

我们有

$$X = \frac{P}{\sqrt{P^2+Q^2+R^2}}, \quad Y = \frac{Q}{\sqrt{P^2+Q^2+R^2}}, \quad Z = \frac{R}{\sqrt{P^2+Q^2+R^2}}$$

或者

$$X = \frac{-P}{\sqrt{P^2+Q^2+R^2}}, \quad Y = \frac{-Q}{\sqrt{P^2+Q^2+R^2}}, \quad Z = \frac{-R}{\sqrt{P^2+Q^2+R^2}}.$$

第 2 种方法是将坐标表示为两个变量 p,q 的函数形式. 假设这些函数的微分给出

$$dx = adp + a'dq,$$
$$dy = bdp + b'dq,$$
$$dz = cdp + c'dq,$$

用这些值替换上述已经给出的公式,我们得到

$$(aX + bY + cZ)dp + (a'X + b'Y + c'Z)dq = 0.$$

由于这个方程必须不依赖于微分 dp,dq 的值而成立,显然我们有

$$aX + bY + cZ = 0, \quad a'X + b'Y + c'Z = 0.$$

从这里我们看出, X, Y, Z 将分别成比例于数量

$$bc' - cb', \quad ca' - ac', \quad ab' - ba',$$

因此, 为简洁, 若令

$$\sqrt{(bc' - cb')^2 + (ca' - ac')^2 + (ab' - ba')^2} = \Delta,$$

我们有

$$X = \frac{bc' - cb'}{\Delta}, \quad Y = \frac{ca' - ac'}{\Delta}, \quad Z = \frac{ab' - ba'}{\Delta}$$

或者

$$X = \frac{cb' - bc'}{\Delta}, \quad Y = \frac{ac' - ca'}{\Delta}, \quad Z = \frac{ba' - ab'}{\Delta}.$$

把这两种方法联合起来, 有**第 3 种方法**, 在这种方法中, 其中的一个坐标, 比如说 z, 由另外两个坐标 x, y 的函数的形式表示. 这种方法明显地仅是第 1 或第 2 种方法的特殊情形. 如果设

$$dz = tdx + udy,$$

我们有

$$X = \frac{-t}{\sqrt{1 + t^2 + u^2}}, \quad Y = \frac{-u}{\sqrt{1 + t^2 + u^2}}, \quad Z = \frac{1}{\sqrt{1 + t^2 + u^2}}$$

或者

$$X = \frac{t}{\sqrt{1 + t^2 + u^2}}, \quad Y = \frac{u}{\sqrt{1 + t^2 + u^2}}, \quad Z = \frac{-1}{\sqrt{1 + t^2 + u^2}}.$$

§5

正如人们所料, 由于法线可以指向曲面两侧的任何一侧, 因此上文得到的两个解, 明显地涉及球面上相对的两点或相反的两个方向. 所以如果我们要区分出以曲面为相互接界的这两个区域, 并且称其中一侧为外部区域而另一侧为内部区域, 那么利用 §2 Ⅶ 的定理, 我们可以指定这两个法向的任何一个以合适的解释, 同时也可以建立一个区别两个区域的标准.

在第 1 种方法中, 这一标准是用量 W 的符号来区别的. 事实上, 一般地说, 曲面将空间划分为两个区域, 在其中一个区域内 W 保持正值, 而在另一个区域中 W 变成负值. 事实上, 从这个定理很容易看出, 如果 W 在朝外的区域取正值, 并且如果假定法向向外, 则我们取第一个解. 然而, 在任何情况下, 容易决定是否同样的法则对于在整个曲面上 W 的符号仍成立, 或者对于不同的部分是否有不同的规则. 只要系数 P, Q, R 有有限值, 并且不同时为零, 连续性的法则告诉我们 W 的符号将

保持不变.

如果我们按照第 2 种方法,我们可以想象曲面上的两族曲线. 其中一族曲线是 p 为变量而 q 为常数;另一族曲线是 q 为变量而 p 为常数. 这些曲线关于外部区域的相对位置将决定必须采用两个解中的哪一个. 事实上,无论何时,3 条线(即当 p 增加时一族从点 A 出发的曲线分支,当 q 增加时,另一族从点 A 出发的曲线分支,以及朝向外区域的法线)就像从坐标系的原点出发的各自独立的 x,y,z 轴一样(例如,对于前述的 3 条线或者对于后面所述的 3 条轴,我们可以设想第 1 条指向左方,第 2 条指向右方,第 3 条指向上方),则取第 1 个解. 但当这 3 条线的相对位置与 x,y,z 轴的相对位置相反时,则第 2 个解将成立.

在第 3 种方法中,将会看到,当 z 取得一个正的增量,x 和 y 保持常数,点将穿过区域的外部或穿向区域的内部. 对于前一情形,由于法向朝外,第 1 个解成立;后一情形第 2 个解成立.

§6

正如通过把曲面的法线方向平移到球面上,得到曲面上的每一个确定的点与球面上一个确定的点相对应,对于任意的曲线或图形,我们也可以用与前者相应的球面上的曲线或图形来表示. 用这种方法来比较相互对应的两个图形,其中的一个可以看成另一个的像. 有两点必须予以考虑,其一是只考虑数量,而另一点是(不考虑其数量关系)只考虑其位置.

这第一点将是某些思想的基础,这些思想引进曲面的理论中看来是非常明智的. 因此,对于曲面上含于有限区域的部分,我们指定一个总曲率(或曲率积分)(total or integral curvature),它由与曲面上相对应的球面上图形的面积表示. 从这个曲率积分必定会区分出某种特定曲率,这种曲率我们称之为曲率测度(measure of curvature). 后者涉及曲面上的一个点,并且可以表示为一个商数,这一商数为关于这一点的面积元素的曲率积分除以这一点的面积元素本身;因此它表示曲面上的无穷小面积和相应的附属球面上的无穷小面积之比. 这些观念的运用将证明是非常合理的,正如我们所希望的,我们将在下面解释. 关于专门用语,我们已经特别地考虑到尽量避免多义性. 基于这个原因,我们不认为严格地沿袭在平面曲线理论中通常所接受的术语的类比是有益处的. 根据旧的术语,曲率测度应该称为曲率,而总曲率,则称为振幅(amplitude). 但是,假如它们更有意义,并且更不容易导致误解,那么我们为什么不自由地选择词语呢?

　　球面上一个图形的位置可以与曲面上相应图形的位置相似,或者与之相反. 前者是这样的情形,曲面上从同一点出发的两条不同方向的曲线(不是相反方向)的位置关系与球面上相应曲线的位置关系相似,也就是说,在右方的曲线在球面上相应的曲线的像也在右方;后者则是相反的情形成立. 我们将通过曲率测度的正或负的**符号**来区别这两种情形. 但是,明显地,这种区别仅当我们在每一个曲面上选定一侧,并假定图形在这一侧上. 在辅助球面上,我们将利用外侧的表面,也就是从中心向外的方向;在曲面上,我们利用我们已经考虑过的外侧表面,更确切地说,那个表面被认为是引出法向的那一侧. 因为,明显地,如果曲面上的图形和法向两者都变到相反的一侧,只要相应的像被表示在球面的同一侧,那么关于图形的相似性就没有什么变化.

　　我们指定的依据无穷小图形的位置的曲率测度的正负号,也可以推广到曲面上的一个有限图形的整体曲率. 然而,如果我们希望讨论一般的情形,那么一些解释将是必要的. 在这里我们仅作简单的介绍. 只要是在曲面上的图形使得其上的**不同**的点相应于辅助球面上不同的点,则这一定义不需要更多的解释. 但是每当这个条件不能被满足时,对于球面上图形的特定的部分就有必要考虑两次或更多次. 从相似或相反的位置,可以增加面积的总量,或者是面积可能部分或完全地相互抵消. 在这种情形,最简单的方法是假定把曲面分成很多小块,使得每一小块(认为是相互不重合的)满足上述条件;指定每一小块上的曲率积分,规定这个绝对值为辅助球面上的相应图形的面积,而符号由这个图形的位置确定;最后,指定整个图形的曲率积分为相应的单个小块的整体曲率总和. 所以,一般地,一个图形的曲率积分等于 $\int k d\sigma$. 这里 $d\sigma$ 表示图形的面积元素,k 为任意一点的曲率测度. 关于这一积分的几何表示的要点归结为如下的问题. 曲面上图形的边界(在 §3 的限制下)将总是相应于球面上的一条闭曲线. 如果后者本身没有自相交,那么这条闭曲线将把整个的球面分成两个部分,其中的一个部分与曲面上的图形相对应;并且它的面积(取正值或负值,根据它的边界相应于它自身的位置是相似或相反于曲面上图形的位置)将表示曲面上图形的整体曲率. 但是若这条曲线自相交一次或多次,都将变成一个复杂的图形,然而对于这种情形,也可以和没有结点的图形一样合理地指定一个确定的面积,而且可以适当地解释这个面积为一个曲率积分的值. 然而,从这一非常一般的观点来看,我们必须留有对这些图形的理论另一种更为扩展的情形解释的空间.

§7

现在,我们将找出一个表达曲面上任意点的曲率测度的公式. 设 $d\sigma$ 表示这一曲面的面积元素,那么 $Z d\sigma$ 表示坐标 xy-平面上这一元素的投影的面积;因此,如果 $d\Sigma$ 是球面上相应的元素的面积,$Z d\Sigma$ 就是同一平面的投影的面积. 事实上,Z 的符号的正或负表示投影的位置与被投影图形的元素的位置相同或相反. 明显地,这些投影在数量上具有相同的比率,并且在元素本身的位置上也具有相同的关系. 现在,让我们考虑曲面上的三角形元素,并假设形成它们的投影的 3 个点的坐标为

$$x, y;$$
$$x + dx, y + dy;$$
$$x + \delta x, y + \delta y,$$

那么这个三角形的面积的两倍可用下列公式表示为

$$dx \cdot \delta y - dy \cdot \delta x,$$

并且这个公式取正或负的形式取决于从第 1 个点到第 2 个点的边与第 1 个点到第 3 个点的边的位置相同或相反于坐标系的 x 轴与 y 轴的位置.

用同样的方法,如果 3 个点的坐标形成球面上相应的元素的投影,以球面的中心为原点,得到 3 个点的坐标为

$$X, Y;$$
$$X + dX, Y + dY;$$
$$X + \delta X, Y + \delta Y.$$

这个投影的面积的两倍可以用下式表达:

$$dX \cdot \delta Y - dY \cdot \delta X,$$

这个公式的符号的确定方式同上. 因此,曲面上该点的曲率测度为

$$k = \frac{dX \cdot \delta Y - dY \cdot \delta X}{dx \cdot \delta y - dy \cdot \delta x}.$$

现在,如果我们假定曲面的类别按照 §4 中的第 3 种方法所定义,X 和 Y 将取变量 x, y 的函数的形式. 因此,我们有

$$dX = \frac{\partial X}{\partial x} \cdot dx + \frac{\partial X}{\partial y} \cdot dy,$$

$$\delta X = \frac{\partial X}{\partial x} \cdot \delta x + \frac{\partial X}{\partial y} \cdot \delta y,$$

$$dY = \frac{\partial Y}{\partial x} \cdot dx + \frac{\partial Y}{\partial y} \cdot dy,$$

$$\delta Y = \frac{\partial Y}{\partial x} \cdot \delta x + \frac{\partial Y}{\partial y} \cdot \delta y.$$

用这些值替换，上述的表达式就变成

$$k = \frac{\partial X}{\partial x} \cdot \frac{\partial Y}{\partial y} - \frac{\partial X}{\partial y} \cdot \frac{\partial Y}{\partial x}.$$

令(如上)

$$\frac{\partial z}{\partial x} = t, \quad \frac{\partial z}{\partial y} = u$$

以及

$$\frac{\partial^2 z}{\partial x^2} = T, \quad \frac{\partial^2 z}{\partial x \partial y} = U, \quad \frac{\partial^2 z}{\partial y^2} = V$$

或者

$$dt = Tdx + Udy, \quad du = Udx + Vdy,$$

从上面已经给出的公式，我们有

$$X = -tZ, \quad Y = -uZ, \quad (1 + t^2 + u^2)Z^2 = 1,$$

因此

$$dX = -Zdt - tdZ,$$
$$dY = -Zdu - udZ,$$
$$(1 + t^2 + u^2)dZ + Z(tdt + udu) = 0$$

或者

$$dZ = -Z^3(tdt + udu),$$
$$dX = -Z^3(1 + u^2)dt + Z^3 tudu,$$
$$dY = Z^3 tudt - Z^3(1 + t^2)du,$$

所以

$$\frac{\partial X}{\partial x} = Z^3 [-(1 + u^2)T + tuU],$$

$$\frac{\partial X}{\partial y} = Z^3 [-(1 + u^2)U + tuV],$$

$$\frac{\partial Y}{\partial x} = Z^3 [tuT - (1 + t^2)U],$$

$$\frac{\partial Y}{\partial y} = Z^3 [tuU - (1 + t^2)V].$$

用这些值替换上述公式，那么上述公式变成

$$k = Z^6(TV - U^2)(1 + t^2 + u^2) = Z^4(TV - U^2)$$

$$= \frac{TV - U^2}{(1 + t^2 + u^2)^2}.$$

§8

通过选择适当的坐标系的原点和坐标轴,我们可以容易地使得数量 t, u, U 的值在一特定的点为零. 事实上,如果以该点的切平面作为 xy-平面,那么前面两个条件将得到满足. 进一步,如果原点以 A 点本身代替,则明显地,坐标 z 的表达式就取形式

$$z = \frac{1}{2}T°x^2 + U°xy + \frac{1}{2}V°y^2 + \Omega,$$

这里 Ω 是高于二次的项. 现在让 x 和 y 轴旋转一个角度 M,使得

$$\tan 2M = \frac{2U°}{T° - V°}.$$

容易看出,必然得到一个以下形式的方程:

$$z = \frac{1}{2}Tx^2 + \frac{1}{2}Vy^2 + \Omega.$$

这样第 3 个条件也得到满足. 有了这些准备,明显地有

Ⅰ. 如果曲面被一个经过法线和 x 轴的平面所截,得到一条平面曲线,则该曲线在点 A 处的曲率半径等于 $\frac{1}{T}$,正负号表示曲线是凸或者凹向 z 轴为正的一侧的区域.

Ⅱ. 用同样的方法得到 $\frac{1}{V}$ 表示平面曲线在点 A 处的曲率半径,这条平面曲线是曲面与经过 y 轴和 z 轴的平面的交线.

Ⅲ. 令 $x = r\cos\phi, y = r\sin\phi$,方程变形为

$$z = \frac{1}{2}(T\cos^2\phi + V\sin^2\phi)r^2 + \Omega.$$

从这里我们可以看出,如果截线是由过 A 点的法线并且与 x 轴成角度 ϕ 的平面所截得,我们将有一条平面曲线,它在点 A 处的曲率半径为

$$\frac{1}{T\cos^2\phi + V\sin^2\phi}.$$

Ⅳ. 因此,当 $T = V$ 成立时,在**所有**法平面上的曲率半径都将相等. 但是,当 T 和 V 不相等时,很明显地,由于对角度 ϕ 的任意值,$T\cos^2\phi + V\sin^2\phi$ 的值介于 T 和 V 之间,在第 Ⅰ 和第 Ⅱ 部分所考虑的主截线的曲率半径提供了曲率的极(大、小)值;这就是说,如果 T 和 V 有相同的符号,其中之一为曲率的最大值,而另一个为最小值. 另一方面,如果 T 和 V 的符号相反,则其中之一有最大凸曲率,而另一个有最大的凹曲率. 这些结果包含了杰出的欧拉首次证明了的关于曲面的曲率的几乎所有

的结果.

Ⅴ. 曲面在点 A 处的曲率测度取非常简单的形式

$$K = TV,$$

因此,我们有

定理:任何曲面上的任意一点处的曲率测度都等于一个分数,它的分子为单位 1,分母是法截线的曲率半径的两个极值的乘积.

同时,显然有:曲率测度对于凹 – 凹或者凸 – 凸曲面(这个区别是非本质的)为正,但对于凹 – 凸曲面为负. 如果曲面由相应于这两种情形的部分所组成,那么在分隔这两种情形的曲线上,其曲率测度应该为零. 后面,我们将对曲率测度处处为零的曲面的性质作仔细的研究.

§9

在 §7 的最后给出的曲率测度的一般公式,由于它只包含 5 个量,所以是所有情形中最简单的. 事实上,我们将得到一个更加复杂的公式,它包含 9 个量,如果我们愿意运用曲面表示的第 1 种方法. 保留 §4 中的记号,同样令

$$\frac{\partial^2 W}{\partial x^2} = P', \quad \frac{\partial^2 W}{\partial y^2} = Q', \quad \frac{\partial^2 W}{\partial z^2} = R';$$

$$\frac{\partial^2 W}{\partial y \partial z} = P'', \quad \frac{\partial^2 W}{\partial x \partial z} = Q'', \quad \frac{\partial^2 W}{\partial x \partial y} = R'',$$

那么

$$dP = P'dx + R''dy + Q''dz,$$
$$dQ = R''dx + Q'dy + P''dz,$$
$$dR = Q''dx + P''dy + R'dz.$$

现在,由于 $t = -\dfrac{P}{R}$,通过微分我们发现有

$$R^2 dt = -RdP + PdR$$
$$= (PQ'' - RP')dx + (PP'' - RR'')dy + (PR' - RQ'')dz,$$

或者,用下面的方程

$$Pdx + Qdy + Rdz = 0$$

消去 dz:

$$R^3 dt = (-R^2 P' + 2PRQ'' - P^2 R')dx$$
$$+ (PRP'' + QRQ'' - PQR' - R^2 R'')dy.$$

用同样的方法,我们得到

$$R^3 du = (PRP'' + QRQ'' - PQR' - R^2 R'')dx$$

$$+ (-R^2 Q' + 2QRP'' - Q^2 R') \, \mathrm{d}y.$$

从这里我们推断出

$$R^3 T = -R^2 P' + 2PRQ'' - P^2 R',$$
$$R^3 U = PRP'' + QRQ'' - PQR' - R^2 R'',$$
$$R^3 V = -R^2 Q' + 2QRP'' - Q^2 R'.$$

以这些值替代 §7 中的公式,我们得到曲率测度 k 的下列对称公式

$$\begin{aligned}
(P^2 + Q^2 + R^2)^2 k &= P^2 (Q'R' - P''^2) + Q^2 (P'R' - Q''^2) \\
&\quad + R^2 (P'Q' - R''^2) + 2QR(Q''R'' - P'P'') \\
&\quad + 2PR(P''R'' - Q'Q'') + 2PQ(P''Q'' - R'R'').
\end{aligned}$$

§10

事实上,如果我们按照曲面的第 2 种定义方法,我们将会得到一个更加复杂的公式,这个公式包含了 15 个量. 然而推导出这个公式仍是非常重要的. 保留 §4 中的记号,让我们设

$$\frac{\partial^2 x}{\partial p^2} = \alpha, \quad \frac{\partial^2 x}{\partial p \cdot \partial q} = \alpha', \quad \frac{\partial^2 x}{\partial q^2} = \alpha'';$$

$$\frac{\partial^2 y}{\partial p^2} = \beta, \quad \frac{\partial^2 y}{\partial p \cdot \partial q} = \beta', \quad \frac{\partial^2 y}{\partial q^2} = \beta'';$$

$$\frac{\partial^2 z}{\partial p^2} = \gamma, \quad \frac{\partial^2 z}{\partial p \cdot \partial q} = \gamma', \quad \frac{\partial^2 z}{\partial q^2} = \gamma'',$$

并且让我们简单地记

$$bc' - cb' = A,$$
$$ca' - ac' = B,$$
$$ab' - ba' = C.$$

首先我们看到

$$A\mathrm{d}x + B\mathrm{d}y + C\mathrm{d}z = 0$$

或者

$$\mathrm{d}z = -\frac{A}{C}\mathrm{d}x - \frac{B}{C}\mathrm{d}y,$$

因此,由于 z 可以看成 x, y 的一个函数,我们有

$$\frac{\partial z}{\partial x} = t = -\frac{A}{C},$$

$$\frac{\partial z}{\partial y} = u = -\frac{B}{C},$$

那么,从公式

$$\mathrm{d}x = a\mathrm{d}p + a'\mathrm{d}q, \quad \mathrm{d}y = b\mathrm{d}p + b'\mathrm{d}q$$

我们有

$$Cdp = b'dx - a'dy,$$
$$Cdq = -bdx + ady.$$

由此,我们得到关于 t, u 的全微分

$$C^3 dt = \left(A\frac{\partial C}{\partial p} - C\frac{\partial A}{\partial p}\right)(b'dx - a'dy) + \left(C\frac{\partial A}{\partial q} - A\frac{\partial C}{\partial q}\right)(bdx - ady),$$

$$C^3 du = \left(B\frac{\partial C}{\partial p} - C\frac{\partial B}{\partial p}\right)(b'dx - a'dy) + \left(C\frac{\partial B}{\partial q} - B\frac{\partial C}{\partial q}\right)(bdx - ady).$$

我们用下列公式替换:

$$\frac{\partial A}{\partial p} = c'\beta + b\gamma' - c\beta' - b'\gamma,$$

$$\frac{\partial A}{\partial q} = c'\beta' + b\gamma'' - c\beta'' - b'\gamma',$$

$$\frac{\partial B}{\partial p} = a'\gamma + c\alpha' - a\gamma'' - c'\alpha,$$

$$\frac{\partial B}{\partial q} = a'\gamma' + c\alpha'' - a\gamma'' - c'\alpha',$$

$$\frac{\partial C}{\partial p} = b'\alpha + a\beta' - b\alpha' - a'\beta,$$

$$\frac{\partial C}{\partial q} = b'\alpha' + a\beta'' - b\alpha'' - a'\beta'.$$

如果我们注意到以此种方式得到的微分 dt, du 的值必须分别(不依赖于微分 dx, dy)等于数量 $Tdx + Udy, Udx + Vdy$,在一些充分明显的变换之后,我们将发现

$$C^3 T = \alpha Ab'^2 + \beta Bb'^2 + \gamma Cb'^2 - 2\alpha'Abb' - 2\beta'Bbb'$$
$$- 2\gamma'Cbb' + \alpha''Ab^2 + \beta''Bb^2 + \gamma''Cb^2,$$

$$C^3 U = -\alpha Aa'b' - \beta Ba'b' - \gamma Ca'b' + \alpha'A(ab' + ba')$$
$$+ \beta'B(ab' + ba') + \gamma'C(ab' + ba')$$
$$- \alpha''Aab - \beta''Bab - \gamma''Cab,$$

$$C^3 V = \alpha Aa'^2 + \beta Ba'^2 + \gamma Ca'^2 - 2\alpha'Aaa' - 2\beta'Baa'$$
$$- 2\gamma'Caa' + \alpha''Aa^2 + \beta''Ba^2 + \gamma''Ca^2,$$

因此,为了简单起见,如果我们令

$$A\alpha + B\beta + C\gamma = D, \tag{1}$$
$$A\alpha' + B\beta' + C\gamma' = D', \tag{2}$$
$$A\alpha'' + B\beta'' + C\gamma'' = D'', \tag{3}$$

我们有

$$C^3 T = Db'^2 - 2D'bb' + D''b^2,$$
$$C^3 U = - Da'b' + D'(ab' + ba') - D''ab,$$
$$C^3 V = Da'^2 - 2D'aa' + D''a^2.$$

在一系列计算之后,从这里我们发现

$$C^6(TV - U^2) = (DD'' - D'^2)(ab' - ba')^2 = (DD'' - D'^2)C^2,$$

因此,曲率测度的公式为

$$k = \frac{DD'' - D'^2}{(A^2 + B^2 + C^2)^2}.$$

§11

用刚刚发现的公式,我们将要建立另外一个公式. 这个公式可以认为是曲面理论中应用最广泛的公式. 让我们引进下列记号:

$$a^2 + b^2 + c^2 = E,$$
$$aa' + bb' + cc' = F,$$
$$a'^2 + b'^2 + c'^2 = G,$$
$$a\alpha + b\beta + c\gamma = m, \tag{1}$$
$$a\alpha' + b\beta' + c\gamma' = m', \tag{2}$$
$$a\alpha'' + b\beta'' + c\gamma'' = m'', \tag{3}$$
$$a'\alpha + b'\beta + c'\gamma = n, \tag{4}$$
$$a'\alpha' + b'\beta' + c'\gamma' = n', \tag{5}$$
$$a'\alpha'' + b'\beta'' + c'\gamma'' = n'', \tag{6}$$
$$A^2 + B^2 + C^2 = EG - F^2 = \Delta.$$

让我们从 §10 的(1)和 §11 的(1)、(4)中消去量 β, γ,这只要在这些方程中分别乘以 $bc' - cb', b'C - c'B, cB - bC$,并相加. 这样我们就得到

$$[A(bc' - cb') + a(b'C - c'B) + a'(cB - bC)]\alpha$$
$$= D(bc' - cb') + m(b'C - c'B) + n(cB - bC).$$

这一方程很容易变成

$$AD = \alpha\Delta + a(nF - mG) + a'(mF - nE).$$

同样地,从同样的方程中消去 α, γ 或者 α, β 得到

$$BD = \beta\Delta + b(nF - mG) + b'(mF - nE),$$
$$CD = \gamma\Delta + c(nF - mG) + c'(mF - nE).$$

这 3 个方程分别乘以 $\alpha'', \beta'', \gamma''$ 并相加,我们得到

$$DD'' = (\alpha\alpha'' + \beta\beta'' + \gamma\gamma'')\Delta + m''(nF - mG) + n''(mF - nE). \tag{7}$$

如果我们以同样的方法处理 §10 的(2)和 §11 的(2)、(5),我们得到

$$AD' = \alpha'\Delta + a(n'F - m'G) + a'(m'F - n'E),$$
$$BD' = \beta'\Delta + b(n'F - m'G) + b'(m'F - n'E),$$
$$CD' = \gamma'\Delta + c(n'F - m'G) + c'(m'F - n'E).$$

这些方程分别乘以 α',β',γ' 并相加,又可以得到

$$D'^2 = (\alpha'^2 + \beta'^2 + \gamma'^2)\Delta + m'(n'F - m'G) + n'(m'F - n'E).$$

联立这个方程和(7)式给出

$$DD'' - D'^2 = (\alpha\alpha'' + \beta\beta'' + \gamma\gamma'' - \alpha'^2 - \beta'^2 - \gamma'^2)\Delta$$
$$+ E(n'^2 - nn'') + F(nm'' - 2m'n' + mn'')$$
$$+ G(m'^2 - mm'').$$

显然,我们有

$$\frac{\partial E}{\partial p} = 2m, \quad \frac{\partial E}{\partial q} = 2m', \quad \frac{\partial F}{\partial p} = m' + n,$$
$$\frac{\partial F}{\partial q} = m'' + n', \quad \frac{\partial G}{\partial p} = 2n', \quad \frac{\partial G}{\partial q} = 2n''$$

或者

$$m = \frac{1}{2}\frac{\partial E}{\partial p}, \quad m' = \frac{1}{2}\frac{\partial E}{\partial q}, \quad m'' = \frac{\partial F}{\partial q} - \frac{1}{2}\frac{\partial G}{\partial p},$$
$$n = \frac{\partial F}{\partial p} - \frac{1}{2}\frac{\partial E}{\partial q}, \quad n' = \frac{1}{2}\frac{\partial G}{\partial p}, \quad n'' = \frac{1}{2}\frac{\partial G}{\partial q}.$$

然而,很容易看出,我们有

$$\alpha\alpha'' + \beta\beta'' + \gamma\gamma'' - \alpha'^2 - \beta'^2 - \gamma'^2 = \frac{\partial n}{\partial q} - \frac{\partial n'}{\partial p} = \frac{\partial m''}{\partial p} - \frac{\partial m'}{\partial q}$$
$$= -\frac{1}{2}\frac{\partial^2 E}{\partial q^2} + \frac{\partial^2 F}{\partial p \partial q} - \frac{1}{2}\frac{\partial^2 G}{\partial p^2}.$$

如果我们将这些不同的表达式用于上一节所导出的曲率测度的公式,我们得到下面的公式,它仅包含数量 E, F, G 以及它们的一阶和二阶微商:

$$4(EG - F^2)k = E\left[\frac{\partial E}{\partial q} \cdot \frac{\partial G}{\partial q} - 2\frac{\partial F}{\partial p} \cdot \frac{\partial G}{\partial q} + \left(\frac{\partial G}{\partial p}\right)^2\right]$$
$$+ F\left(\frac{\partial E}{\partial p} \cdot \frac{\partial G}{\partial q} - \frac{\partial E}{\partial q} \cdot \frac{\partial G}{\partial p} - 2\frac{\partial E}{\partial q} \cdot \frac{\partial F}{\partial q}\right.$$
$$\left. + 4\frac{\partial F}{\partial p} \cdot \frac{\partial F}{\partial q} - 2\frac{\partial F}{\partial p} \cdot \frac{\partial G}{\partial p}\right)$$
$$+ G\left[\frac{\partial E}{\partial p} \cdot \frac{\partial G}{\partial p} - 2\frac{\partial E}{\partial p} \cdot \frac{\partial F}{\partial q} + \left(\frac{\partial E}{\partial q}\right)^2\right]$$
$$- 2(EG - F^2)\left(\frac{\partial^2 E}{\partial q^2} - 2\frac{\partial^2 F}{\partial p \partial q} + \frac{\partial^2 G}{\partial p^2}\right).$$

§12

由于我们总有

$$\mathrm{d}x^2 + \mathrm{d}y^2 + \mathrm{d}z^2 = E\mathrm{d}p^2 + 2F\mathrm{d}p\mathrm{d}q + G\mathrm{d}q^2,$$

很显然

$$\sqrt{E\mathrm{d}p^2 + 2F\mathrm{d}p\mathrm{d}q + G\mathrm{d}q^2}$$

是曲面上的线元素的一般表达式. 在前一节所详细阐述的分析向我们表明, 为了求出曲率测度, 不需要坐标 x, y, z 作为未定元 p, q 的函数的有限公式, 仅仅有任意线元素的量值的一般表达式就足够了. 让我们开始进入这个非常重要的定理的一些应用.

假设我们的曲面可以展开到另一个曲面上 (弯曲的或者是平直的), 使得对于前一曲面上的每一点 (由坐标 x, y, z 所确定) 将对应于后一曲面上的一个确定的点 (它的坐标为 x', y', z'). 明显地, 坐标 x', y', z' 也可以看成未定元 p, q 的函数, 因此对于其线元素 $\sqrt{\mathrm{d}x'^2 + \mathrm{d}y'^2 + \mathrm{d}z'^2}$, 我们有一个表达式

$$\sqrt{E'\mathrm{d}p^2 + 2F'\mathrm{d}p\mathrm{d}q + G'\mathrm{d}q^2},$$

这里 E', F', G' 仍表示 p, q 的函数. 但是从一个曲面**展开**到另一个曲面上的这一观念, 显然地有在两个曲面上相应的元素必然相等. 因此, 我们有恒等式

$$E = E', \quad F = F', \quad G = G'.$$

因此, 前一节中的公式本身就导出了如下的**绝妙定理**.

定理: 如果一曲面可以展开到另一曲面上, 那么曲率测度在每一对应点处保持不变.

明显地, **曲面的任何一个有限部分在展开到另一曲面后将保持相同的整体曲率**.

曲面可展到一个平面上构成了特殊的情形, 迄今为止, 几何学家们的注意力一直限制于此种情形. 我们的理论立即表明这种曲面在每一点处的曲率测度等于零. 因此, 如果这些曲面是按照第 3 种方法定义的, 我们就得到, 在曲面的每一点处都有

$$\frac{\partial^2 z}{\partial x^2} \cdot \frac{\partial^2 z}{\partial y^2} - \left(\frac{\partial^2 z}{\partial x \cdot \partial y} \right)^2 = 0.$$

尽管该结果事实上不久前已为人所知, 但是通常来说 (至少就我们所知) 却还没有如我们所希望的那样被严格地给予证明.

§13

在上一节中所探求的命题导致从新的观点来研究弯曲的曲面. 这个观点本身在几何学方面值得仔细研究, 那就是, 我们不将曲面视为体的边界, 而是视其为一个柔软但不能被拉伸的、其中一个维度消失了的体. 那么曲面的一部分性质依赖于它的形状, 而另一部分性质是绝对的, 那就是无论曲面本身怎样弯曲总是保持不变. 从我们所给出的这些表达式的意义上来说, 曲率测度和整体曲率是属于最后我们所说的性质, 对它们的研究开辟了几何学上新的富有成果的领域. 其次是关于短程线的研究, 我们将对于短程线研究的主要部分留到后面的章节. 按这个观点, 对平面和可以展成平面的曲面(例如圆柱面、圆锥面等), 基本上可以看作相同的; 按照这个观点, 对于曲面的一般表达式来说, 现在的出发点是形式

$$\sqrt{E dp^2 + 2F dp \cdot dq + G dq^2},$$

它表达了弧长元素和两个变量 p, q 间的关系. 但是在继续进一步研究之前, 我们先介绍一下在一个给定的曲面上的关于最短路径(测地线)的理论的要点.

§14

空间的曲线一般地由如下方式给出, 即它的不同点的坐标 x, y, z 由一个单变量的函数形式给出, 这个单变量我们称之为 w. 从一个任意的初始点到坐标为 x, y, z 的点的这样一条曲线的弧长由下列积分

$$\int dw \cdot \sqrt{\left(\frac{dx}{dw}\right)^2 + \left(\frac{dy}{dw}\right)^2 + \left(\frac{dz}{dw}\right)^2}$$

表示. 如果我们假定这条曲线的位置经过一个无穷小的变分, 那么不同的点的坐标获得变分 $\delta x, \delta y, \delta z$, 整个的弧长的变分变成

$$\int \frac{dx \cdot d\delta x + dy \cdot d\delta y + dz \cdot d\delta z}{\sqrt{dx^2 + dy^2 + dz^2}}.$$

这个表达式我们可以变为如下形式

$$\frac{dx \cdot \delta x + dy \cdot \delta y + dz \cdot \delta z}{\sqrt{dx^2 + dy^2 + dz^2}} - \int \left(\delta x \cdot d \frac{dx}{\sqrt{dx^2 + dy^2 + dz^2}} \right.$$

$$\left. + \delta y \cdot d \frac{dy}{\sqrt{dx^2 + dy^2 + dz^2}} + \delta z \cdot d \frac{dz}{\sqrt{dx^2 + dy^2 + dz^2}} \right).$$

我们知道, 在曲线是它的端点之间的最短路径的情形时, 积分号内的表达式必须为零. 由于该曲线必须在给定的曲面上, 而曲面是由方程

$$Pdx + Qdy + Rdz = 0$$

定义的, 变分 $\delta x, \delta y, \delta z$ 也必须满足方程

$$P\delta x + Q\delta y + R\delta z = 0.$$

根据熟悉的规则, 从上式立即可以得出下列微分

$$\mathrm{d}\frac{\mathrm{d}x}{\sqrt{\mathrm{d}x^2 + \mathrm{d}y^2 + \mathrm{d}z^2}}, \quad \mathrm{d}\frac{\mathrm{d}y}{\sqrt{\mathrm{d}x^2 + \mathrm{d}y^2 + \mathrm{d}z^2}}, \quad \mathrm{d}\frac{\mathrm{d}z}{\sqrt{\mathrm{d}x^2 + \mathrm{d}y^2 + \mathrm{d}z^2}}$$

必然分别成比例于数量 P, Q, R. 设 $\mathrm{d}r$ 为曲线上的弧长元素; λ 表示与这一元素的方向相应的辅助球面上的点; L 为与曲面上的法线方向相应的辅助球面上的点; 最后, 设 ξ, η, ζ 为点 λ 的坐标, X, Y, Z 为点 L 的关于球面中心的坐标. 那么我们有

$$\mathrm{d}x = \xi\mathrm{d}r, \quad \mathrm{d}y = \eta\mathrm{d}r, \quad \mathrm{d}z = \zeta\mathrm{d}r.$$

从这些等式我们看出, 上面的微分变成 $\mathrm{d}\xi, \mathrm{d}\eta, \mathrm{d}\zeta$. 并且由于量 P, Q, R 成比例于 X, Y, Z, 那么最短路线的特征可以由下列方程

$$\frac{\mathrm{d}\xi}{X} = \frac{\mathrm{d}\eta}{Y} = \frac{\mathrm{d}\zeta}{Z}$$

表示. 然而, 很容易地看出

$$\sqrt{\mathrm{d}\xi^2 + \mathrm{d}\eta^2 + \mathrm{d}\zeta^2}$$

等于球面上的微小弧长 (这一弧长度量了弧元素 $\mathrm{d}r$ 的起点与终点处的切线方向之间的角度), 如果 ρ 表示最短路线在这一点的曲率半径, 那么它等于 $\frac{\mathrm{d}r}{\rho}$. 这样我们有

$$\rho\mathrm{d}\xi = X\mathrm{d}r, \quad \rho\mathrm{d}\eta = Y\mathrm{d}r, \quad \rho\mathrm{d}\zeta = Z\mathrm{d}r.$$

§15

考虑从曲面上一给定点 A 出发的一组无数条的最短线, 并假设我们是通过角来区别这些曲线的, 这个角是由我们选定的作为它们当中的第一条曲线的第一个线元素与它们中的每一条曲线的第一个线元素构成的. 设 ϕ 是那个角, 或者更一般地, 是那个角的函数, 并且 r 表示这样的一条最短线上的从点 A 到坐标为 x, y, z 的点的弧长. 由于变量 r, ϕ 的确定的值对应于曲面上确定的点, 坐标 x, y, z 可以看成 r, ϕ 的函数. 我们将保留记号 $\lambda, L, \xi, \eta, \zeta, X, Y, Z$ 与上文中相同的意思, 这个记号用于任意一条最短线中的任意点.

具有相同弧长 r 的所有的最短线的端点在另一条曲线上, 它的长度 (从一个任意起点开始度量) 我们记为 v. 这样 v 可以看成未定元 r, ϕ 的一个函数, 如果记 λ' 为球面上相应于元素 $\mathrm{d}v$ 的方向的点, 并且 ξ',

η',ζ' 表示相应于球面中心的这一点的坐标,我们有

$$\frac{\partial x}{\partial \phi} = \xi' \cdot \frac{\partial v}{\partial \phi}, \quad \frac{\partial y}{\partial \phi} = \eta' \cdot \frac{\partial v}{\partial \phi}, \quad \frac{\partial z}{\partial \phi} = \zeta' \cdot \frac{\partial v}{\partial \phi}.$$

从这组方程以及方程

$$\frac{\partial x}{\partial r} = \xi, \quad \frac{\partial y}{\partial r} = \eta, \quad \frac{\partial z}{\partial r} = \zeta$$

我们有

$$\frac{\partial x}{\partial r} \cdot \frac{\partial x}{\partial \phi} + \frac{\partial y}{\partial r} \cdot \frac{\partial y}{\partial \phi} + \frac{\partial z}{\partial r} \cdot \frac{\partial z}{\partial \phi} = (\xi\xi' + \eta\eta' + \zeta\zeta') \cdot \frac{\partial v}{\partial \phi}$$

$$= \cos \lambda\lambda' \cdot \frac{\partial v}{\partial \phi}.$$

设 S 表示这一方程的最左端的项,它将仍然是 r,ϕ 的一个函数,对 S 关于 r 求微分给出

$$\frac{\partial S}{\partial r} = \frac{\partial^2 x}{\partial r^2} \cdot \frac{\partial x}{\partial \phi} + \frac{\partial^2 y}{\partial r^2} \cdot \frac{\partial y}{\partial \phi} + \frac{\partial^2 z}{\partial r^2} \cdot \frac{\partial z}{\partial \phi}$$

$$+ \frac{1}{2} \cdot \frac{\partial \left[\left(\frac{\partial x}{\partial r} \right)^2 + \left(\frac{\partial y}{\partial r} \right)^2 + \left(\frac{\partial z}{\partial r} \right)^2 \right]}{\partial \phi}$$

$$= \frac{\partial \xi}{\partial r} \cdot \frac{\partial x}{\partial \phi} + \frac{\partial \eta}{\partial r} \cdot \frac{\partial y}{\partial \phi} + \frac{\partial \zeta}{\partial r} \cdot \frac{\partial z}{\partial \phi}$$

$$+ \frac{1}{2} \cdot \frac{\partial (\xi^2 + \eta^2 + \zeta^2)}{\partial \phi},$$

但是

$$\xi^2 + \eta^2 + \zeta^2 = 1,$$

因此它的微分等于零;如果 ρ 表示曲线 r 的曲率半径,由前一节我们有

$$\frac{\partial \xi}{\partial r} = \frac{X}{\rho}, \quad \frac{\partial \eta}{\partial r} = \frac{Y}{\rho}, \quad \frac{\partial \zeta}{\partial r} = \frac{Z}{\rho}.$$

这样,由于 λ' 明显地位于极为 L 的大圆上,我们有

$$\frac{\partial S}{\partial r} = \frac{1}{\rho} \cdot (X\xi' + Y\eta' + Z\zeta') \cdot \frac{\partial v}{\partial \phi} = \frac{1}{\rho} \cdot \cos L\lambda' \cdot \frac{\partial v}{\partial \phi} = 0.$$

从这一点我们看出 S 是独立于 r 的,因此 S 仅是 ϕ 的一个函数. 但是对于 $r = 0$ 我们显然有 $v = 0$,因此 $\frac{\partial v}{\partial \phi} = 0$,和 $S = 0$ 不依赖于 ϕ. 因此,一般地,我们必然有 $S = 0$,所以 $\cos \lambda\lambda' = 0$,即 $\lambda\lambda' = 90°$. 从这里得到下面的

定理: 在一个曲面上,如果作从同一初始点出发的具有相同弧长的一族最短线,那么连接它们的端点的曲线将正交于最短线族中的每一

条线.

　　我们已经考虑了从最短线的基本性质推断出这个定理,但是这个定理的真实性通过下列的推理不需要任何的计算可以被显然地证明.设 AB, AB' 是在 A 点处有一个无穷小的角度且具有相同长度的两条最短线,并假设在由线元素 BB' 与最短线 BA 和 $B'A$ 所成的两个角中,有一个角与直角相差一个有限的量.那么,由连续性法则,可知其中一个角大于直角而另一个则小于直角.假设在顶点 B 处的角等于 $90° - \omega$,在线 AB 上取一点 C,使得

$$BC = BB' \cdot \csc \omega,$$

那么,由于无穷小 $\triangle BB'C$ 可以认为是平面图形,我们有

$$CB' = BC \cdot \cos \omega,$$

因此

$$AC + CB' = AC + BC\cos \omega = AB - BC \cdot (1 - \cos \omega)$$
$$= AB' - BC \cdot (1 - \cos \omega),$$

即从 A 点(经过 C 点的)到 B' 点的路线小于最短线(AB').

§16

　　与上一节中的定理联系在一起,我们叙述如下:**如果从一个曲面上的任意一条曲线上的不同点出发,向同一侧作与该曲线成直角且具有相同弧长的一组最短线,那么连接这组最短线的另一端点的曲线将正交于这一组最短线中的每一条**.关于这个定理的证明与上一节的分析相似,除了 ϕ 表示给定曲线上的从任意点作得的弧长以外而无须什么变化;更确切地说,是这个弧长的函数.由此所有的推理在这里将仍然成立,经过这样的修改,那么对于 $r = 0$ 时,$s = 0$ 现在就包含在假设本身之中了.而且,这个定理比上一节中的定理更一般了.因为,如果我们把给定的曲线取成以点 A 为中心画出的无穷小的圆,那么我们可以认为它包含了第一个定理.最后,在这里我们也可以以几何的考虑代替分析,而在这里我们将不花时间予以分析,因为它们足够明显了.

§17

　　我们回到公式

$$\sqrt{E\mathrm{d}p^2 + 2F\mathrm{d}p \cdot \mathrm{d}q + G\mathrm{d}q^2},$$

这个公式一般地表达了曲面上一个线元素的量值.首先,我们研究系数 E, F, G 的几何意义.在 §5 中,我们已经说过,可以假定位于曲面上的两个曲线族:第 1 族是沿着每一曲线上 p 为变量,而 q 为常数;第 2 族

是 q 为变量,而 p 为常数. 曲面上的任何一点可以看成第 1 族曲线中的
一条曲线与第 2 族中的一条曲线的交点;那么邻近这一点相应的一个
变分 $\mathrm{d}p$ 的第 1 族曲线的线元素将等于 $\sqrt{E} \cdot \mathrm{d}p$,而相应于变分 $\mathrm{d}q$ 的第
2 族曲线的线元素将等于 $\sqrt{G} \cdot \mathrm{d}q$. 最后,记这两个线元素之间的夹角为
ω,容易看出我们有

$$\cos \omega = \frac{F}{\sqrt{EG}},$$

再者,曲面的面积元素取平行四边形的形式,这个平行四边形由第 1 族
曲线中的两条曲线(相应于 $q, q+\mathrm{d}q$)和第 2 族曲线中的两条曲线(相
应于 $p, p+\mathrm{d}p$)组成,面积元素为

$$\sqrt{EG - F^2}\,\mathrm{d}p \cdot \mathrm{d}q.$$

曲面上的任意一条曲线,若不属于这两族曲线,则可以由以下方式确
定:假定 p, q 是一个新的变量的函数,或者它们中的一个是另一个的函
数. 设 s 表示这样一条曲线的弧长,这个弧长从一任意的初始点开始度
量,并且每一方向都选择 s 为正的. 设 θ 表示角,这个角是由线元素

$$\mathrm{d}s = \sqrt{E\mathrm{d}p^2 + 2F\mathrm{d}p\mathrm{d}q + G\mathrm{d}q^2}$$

与从线元素的初始点所作出的第 1 族曲线所成的角. 为了不引起混淆,
我们假定这个角是由从 p 的值增加的第 1 族曲线的方向所度量的,并
且是沿着 q 的值也增加的方向取正值. 作了这些规定,很容易看出

$$\cos \theta \cdot \mathrm{d}s = \sqrt{E} \cdot \mathrm{d}p + \sqrt{G} \cdot \cos \omega \cdot \mathrm{d}q = \frac{E\mathrm{d}p + F\mathrm{d}q}{\sqrt{E}},$$

$$\sin \theta \cdot \mathrm{d}s = \sqrt{G} \cdot \sin \omega \cdot \mathrm{d}q = \frac{\sqrt{EG - F^2} \cdot \mathrm{d}q}{\sqrt{E}}.$$

§18

现在我们将研究这条曲线是测地线的条件. 由于它的长度 s 可以
用积分表示为

$$s = \int \sqrt{E\mathrm{d}p^2 + 2F\mathrm{d}p\mathrm{d}q + G\mathrm{d}q^2},$$

为了达到最小值的条件,要求由曲线的位置的一个无穷小变化所引起
的这个积分的变分为零. 为此,如果我们把 p 看成 q 的函数,那么在这
种情形下,计算变得更加简单. 如果这个变分用记号 δ 表示,通过计算,
我们有

$$\delta s = \int \frac{\left(\dfrac{\partial E}{\partial p} \cdot \mathrm{d}p^2 + 2\dfrac{\partial F}{\partial p} \cdot \mathrm{d}p \cdot \mathrm{d}q + \dfrac{\partial G}{\partial p} \cdot \mathrm{d}q^2\right)\delta p + (2E\mathrm{d}p + 2F\mathrm{d}q)\,\mathrm{d}\delta p}{2\mathrm{d}s}$$

$$= \frac{E\mathrm{d}p + F\mathrm{d}q}{\mathrm{d}s} \cdot \delta p$$

$$+ \int \delta p \left(\frac{\dfrac{\partial E}{\partial p} \cdot \mathrm{d}p^2 + 2\dfrac{\partial F}{\partial p} \cdot \mathrm{d}p \cdot \mathrm{d}q + \dfrac{\partial G}{\partial p} \cdot \mathrm{d}q^2}{2\mathrm{d}s} - \mathrm{d}\frac{E\mathrm{d}p + F\mathrm{d}q}{\mathrm{d}s} \right).$$

并且我们知道, 包含在积分号下括号里的式子必须不依赖于 δp 而等于零. 这样我们有

$$\frac{\partial E}{\partial p} \cdot \mathrm{d}p^2 + 2\frac{\partial F}{\partial p} \cdot \mathrm{d}p \cdot \mathrm{d}q + \frac{\partial G}{\partial p} \cdot \mathrm{d}q^2$$

$$= 2\mathrm{d}s \cdot \mathrm{d}\frac{E\mathrm{d}p + F\mathrm{d}q}{\mathrm{d}s}$$

$$= 2\mathrm{d}s \cdot \mathrm{d}\sqrt{E}\cos\theta$$

$$= \frac{\mathrm{d}s \cdot \mathrm{d}E \cdot \cos\theta}{\sqrt{E}} - 2\mathrm{d}s \cdot \mathrm{d}\theta \cdot \sqrt{E} \cdot \sin\theta$$

$$= \frac{(E\mathrm{d}p + F\mathrm{d}q)\,\mathrm{d}E}{E} - \sqrt{EG - F^2} \cdot \mathrm{d}q \cdot \mathrm{d}\theta$$

$$= \left(\frac{E\mathrm{d}p + F\mathrm{d}q}{E} \right) \cdot \left(\frac{\partial E}{\partial p} \cdot \mathrm{d}p + \frac{\partial E}{\partial q} \cdot \mathrm{d}q \right) - 2\sqrt{EG - F^2} \cdot \mathrm{d}q \cdot \mathrm{d}\theta,$$

这就给出了一条曲线为测地线的条件方程:

$$\sqrt{EG - F^2} \cdot \mathrm{d}\theta = \frac{1}{2} \frac{F}{E} \cdot \frac{\partial E}{\partial p} \cdot \mathrm{d}p + \frac{1}{2} \frac{F}{E} \cdot \frac{\partial E}{\partial q} \cdot \mathrm{d}q$$

$$+ \frac{1}{2} \cdot \frac{\partial E}{\partial q} \cdot \mathrm{d}p - \frac{\partial F}{\partial p} \cdot \mathrm{d}p - \frac{1}{2} \cdot \frac{\partial G}{\partial p} \cdot \mathrm{d}q,$$

这个式子也可以写成

$$\sqrt{EG - F^2} \cdot \mathrm{d}\theta = \frac{1}{2} \cdot \frac{F}{E} \cdot \mathrm{d}E + \frac{1}{2} \cdot \frac{\partial E}{\partial q} \cdot \mathrm{d}p$$

$$- \frac{\partial F}{\partial p} \cdot \mathrm{d}p - \frac{1}{2} \cdot \frac{\partial G}{\partial p} \cdot \mathrm{d}q.$$

从这个方程, 再利用方程

$$\cot\theta = \frac{E}{\sqrt{EG - F^2}} \cdot \frac{\mathrm{d}p}{\mathrm{d}q} + \frac{F}{\sqrt{EG - F^2}},$$

这也可能消去角 θ, 而导出一个关于 p, q 的二阶的微分方程. 然而, 这个式子将变得更加复杂并且较之前面的方程更少应用.

§19

如果变量 p, q 这样选择, 使得第 1 族曲线与第 2 族曲线处处正交, 那么我们在 §11 和 §18 所导出的关于曲率测度和在测地线方向的变

分的一般公式就会变得非常简单;换句话说,在这种情形下,一般地我们有 $\omega = 90°$ 或者 $F = 0$. 于是曲率测度的公式变为

$$4E^2 G^2 k = E \cdot \frac{\partial E}{\partial q} \cdot \frac{\partial G}{\partial q} + E \left(\frac{\partial G}{\partial p} \right)^2 + G \cdot \frac{\partial E}{\partial p} \cdot \frac{\partial G}{\partial p}$$

$$+ G \cdot \left(\frac{\partial E}{\partial q} \right)^2 - 2EG \left(\frac{\partial^2 E}{\partial q^2} + \frac{\partial^2 G}{\partial p^2} \right),$$

角 θ 的变分公式变为

$$\sqrt{EG} \cdot \mathrm{d}\theta = \frac{1}{2} \cdot \frac{\partial E}{\partial q} \cdot \mathrm{d}p - \frac{1}{2} \cdot \frac{\partial G}{\partial p} \cdot \mathrm{d}q.$$

在所有具有正交条件的不同情形中,最重要的一种情形是两族曲线之一(例如第 1 族曲线)的所有曲线为测地线. 在这种情形下 q 的值为常数,角 θ 等于零,因此由刚给出的角 θ 的变分方程,我们必有 $\frac{\partial E}{\partial q} = 0$,或者说系数 E 必须独立于 q;换句话说,E 必须或者是一个常数或者仅为 p 的一个函数. 最简单的情形是把 p 看成第 1 族曲线中每一条曲线的弧长,当第 1 族曲线中的所有曲线交于一点时,该弧长从这点开始度量;或者是,如果(第 1 族曲线)没有公共的交点,则从第 2 族曲线中的任何一条曲线开始度量. 有了这些约定,很明显地,现在 p 和 q 表示在 §15、§16 中用 γ 和 ϕ 表示的相同的量,并且 $E = 1$. 由此,前面的两个公式变成

$$4G^2 k = \left(\frac{\partial G}{\partial p} \right)^2 - 2G \frac{\partial^2 G}{\partial p^2},$$

$$\sqrt{G} \cdot \mathrm{d}\theta = -\frac{1}{2} \cdot \frac{\partial G}{\partial p} \cdot \mathrm{d}q,$$

或者,令 $\sqrt{G} = m$,则

$$k = -\frac{1}{m} \cdot \frac{\partial^2 m}{\partial p^2}, \quad \mathrm{d}\theta = -\frac{\partial m}{\partial p} \cdot \mathrm{d}q.$$

一般地说,m 是 p, q 的一个函数,$m\mathrm{d}q$ 是第 2 族曲线中任意一条曲线的弧长元素的表达式. 但是在所有曲线的 p 从同一点出发的情形,明显地,对于 $p = 0$ 我们必有 $m = 0$. 而且,在我们讨论的情形,我们将把 q 本身看成角度,这个角度由第 1 族曲线中的任何一条曲线的线元素与这一族曲线中任意选定的一条曲线的线元素构成. 那么由于对 p 的一个无穷小值,第 2 族曲线(这可以看成以 p 为半径的一个圆)中的一条曲线的线元素等于 $p\mathrm{d}q$,对无穷小的 p 值我们有 $m = p$,因此对于 $p = 0$,$m = 0$,同时成立,并且 $\frac{\partial m}{\partial p} = 1$.

§20

我们暂时停下, 转而研究另一种情形. 在这种情形里, 一般地我们假定 p 表示从一个固定点 A 到曲面上的任意一点的最短线的弧长, 而 q 表示这条曲线的弧长元素与从点 A 出发的另一条给定的最短线的弧长元素构成的角. 设 B 为后一条曲线上的一个定点 (这里 $q = 0$), C 为曲面上的另一定点 (在这里我们简单地用 A 记 q 的值). 我们假设用一条最短线连接 B, C 两点, 其弧长是从 B 开始度量的. 一般地, 我们按照 §18 的记法把它记为 s; 并且, 就像在同一节中的记法, 我们记 θ 为元素 ds 与 dp 所成的角; 最后, 我们记在点 B, C 的角度 θ 的值分别为 θ°, θ'. 因此我们有曲面上由最短线构成的一个三角形. 这个三角形在点 B, C 的角度我们简单地用同样的字母表示, 那么 B 等于 $180^\circ - \theta$, 而 C 等于 θ'. 但是, 从我们的分析可以容易地看出, 所有的角度都假定表达为数量而不是度数, 用这种方式, 角 $57^\circ 17' 45''$ 对应于长度等于半径的一段圆弧, 以这个角度为单位, 我们令

$$\theta^\circ = \pi - B, \quad \theta' = C,$$

这里 2π 表示 (单位) 球的 (大) 圆的周长. 现在我们考察这个三角形的曲率积分, 它等于

$$\int k \mathrm{d}\sigma,$$

$\mathrm{d}\sigma$ 表示这个三角形的面积元素. 由于这个元素可以表示为 $m \mathrm{d}p \cdot \mathrm{d}q$, 因此, 我们必须推广这个积分[①]

$$\iint k \cdot m \mathrm{d}p \cdot \mathrm{d}q$$

到整个的三角形区域上. 让我们从关于 p 的积分开始, 因为

$$k = -\frac{1}{m} \cdot \frac{\partial^2 m}{\partial p^2},$$

所以关于位于第 1 族曲线间的面积 (相应的第 2 个未定元的值为 $q, q + \mathrm{d}q$) 的曲率积分的值为

$$\mathrm{d}q \left(常数 - \frac{\partial m}{\partial p} \right).$$

由于这个曲率积分当 $p = 0$ 时必须为零, 积分常数必须等于 $p = 0$ 时 $\frac{\partial m}{\partial q}$ 的值, 换句话说, 等于 1 个单位. 因此, 我们有

---

① 原文把此积分误为 $\iint m \mathrm{d}p \cdot \mathrm{d}q$ ——译注.

$$dq\Big(1 - \frac{\partial m}{\partial p}\Big),$$

这里,对于 $\frac{\partial m}{\partial p}$ 必须取相应于这一区域上线 CB 的端点处的值. 但是,在这条线上,由前一节我们有

$$\frac{\partial m}{\partial q} \cdot dq = - d\theta,$$

因此我们的表达式变成 $dq + d\theta$. 现在通过从 $q = 0$ 到 $q = A$ 的第 2 次积分,我们得到曲率积分为

$$A + \theta' - \theta^{\circ}$$

或者

$$A + B + C - \pi.$$

曲率积分等于相应于这个三角形区域的辅助球面上的部分的面积,取正号或负号取决于三角形区域位于曲面上的部分是凹 – 凹还是凹 – 凸的. 单位面积取边长为单位长度(球的半径)的正方形的面积,整个球面的面积等于 4π. 由此可知,与三角形相应的辅助球面上的部分的面积与整个球面的面积之比就等于 $\pm(A + B + C - \pi)$ 与 4π 之比. 这个定理,如果我们没有搞错的话,应该被认为是曲面理论中最优美的定理,可以表述为如下的

定理:一个由凹 – 凹曲面上的最短线构成的三角形的内角之和与 180° 之间的盈余,或者一个由凹 – 凸曲面上的最短线构成的三角形的内角之和与 180° 之间的亏量,等于在法向映射下球面上相应于三角形的映像部分的面积,如果球面的面积取为 720°.

更一般地,在一个每条边都是由最短线构成的任意 n 边形中,其内角和与直角的 $(2n - 4)$ 倍之间的盈余,或者与直角的 $(2n - 4)$ 倍之间的亏量(取决于曲面的性质),等于球面映射下相应于多边形的球面映像部分的面积,如果整个球面的面积取为 720°. 这一结果可以通过对多边形进行三角剖分,由前面的定理立即得到.

§21

让我们再一次给予符号 p, q, E, F, G, ω 以前面所赋予的一般意义,并进一步假设曲面的类型以相同的方式由另两个变量 p', q' 定义,在这种情形下,线元素一般地可表达为

$$\sqrt{E'dp'^2 + 2F'dp'dq' + G'dq'^2},$$

由此对于曲面上的任何点,这个点由确定的变量 p, q 的值所定义,它将

对应于变量 p', q' 的确定的值,因此这个值可以看成 p, q 的函数. 通过微分它们,假设我们得到

$$dp' = \alpha dp + \beta dq,$$
$$dq' = \gamma dp + \delta dq.$$

现在,我们将研究系数 $\alpha, \beta, \gamma, \delta$ 的几何意义.

我们可以假定在曲面上有 4 族曲线,它们相应于 p, q, p', q' 各自独立地为常数. 通过相应的变量 p, q, p', q' 的值的某确定点,我们假设属于这 4 族曲线的 4 条曲线已作出,这些曲线的元素相应于正的增量 dp, dq, dp', dq' 是

$$\sqrt{E} \cdot dp, \quad \sqrt{G} \cdot dq, \quad \sqrt{E'} \cdot dp', \quad \sqrt{G'} \cdot dq'.$$

由这些元素的方向与一任意固定方向所成的角度,我们记之为 M, N, M', N',按照使得 $\sin(N - M)$ 为正的方式来度量. 假定第 4 个角关于第 3 个角的位置使得 $\sin(N' - M')$ 也为正(这是可以做到的). 有了这些约定,如果我们考虑与第 1 个点相距一无穷小位移的另一个点,并且相应的变量值为 $p + dp, q + dq, p' + dp', q' + dq'$,则不难看出,一般地,不依赖于增量 dp, dq, dp', dq',我们有

$$\sqrt{E} dp \cdot \sin M + \sqrt{G} dq \cdot \sin N = \sqrt{E'} dp' \cdot \sin M' + \sqrt{G'} dq' \cdot \sin N'.$$

因为这些表达式中的每一个恰是这个新的点与方向角起始线间的距离. 但是,由上面引进的记号,我们有

$$N - M = \omega.$$

以同样的方式我们令

$$N' - M' = \omega',$$

同时令

$$N - M' = \psi,$$

那么可以把刚刚发现的等式改变为下面的形式:

$$\sqrt{E} dp \cdot \sin(M' - \omega + \psi) + \sqrt{G} dq \cdot \sin(M' + \psi)$$
$$= \sqrt{E'} dp' \cdot \sin M' + \sqrt{G'} dq' \cdot \sin(M' + \omega')$$

或者

$$\sqrt{E} dp \cdot \sin(N' - \omega - \omega' + \psi) + \sqrt{G} dq \cdot \sin(N' - \omega' + \psi)$$
$$= \sqrt{E'} dp' \cdot \sin(N' - \omega') + \sqrt{G'} dq' \cdot \sin N',$$

并且上述方程明显地不依赖于初始方向,这个方向可以任意地选择. 那么,令第 2 个公式中的 $N' = 0$,或第 1 个公式中的 $M' = 0$,我们得到下列方程:

$$\sqrt{E'} \sin \omega' \cdot dp' = \sqrt{E} \sin(\omega + \omega' - \psi) \cdot dp + \sqrt{G} \sin(\omega' - \psi) \cdot dq,$$

$$\sqrt{G'}\sin\omega' \cdot \mathrm{d}q' = \sqrt{E}\sin(\psi - \omega) \cdot \mathrm{d}p + \sqrt{G}\sin\psi \cdot \mathrm{d}q,$$

并且由于这些方程必须等价于方程

$$\mathrm{d}p' = \alpha\mathrm{d}p + \beta\mathrm{d}q,$$
$$\mathrm{d}q' = \gamma\mathrm{d}p + \delta\mathrm{d}q,$$

因而方程组确定了系数 $\alpha, \beta, \gamma, \delta$，我们有

$$\alpha = \sqrt{\frac{E}{E'}} \cdot \frac{\sin(\omega + \omega' - \psi)}{\sin\omega'}, \quad \beta = \sqrt{\frac{G}{E'}} \cdot \frac{\sin(\omega' - \psi)}{\sin\omega'},$$

$$\gamma = \sqrt{\frac{E}{G'}} \cdot \frac{\sin(\psi - \omega)}{\sin\omega'}, \quad \delta = \sqrt{\frac{G}{G'}} \cdot \frac{\sin\psi}{\sin\omega'},$$

联立以下等式

$$\cos\omega = \frac{F}{\sqrt{EG}}, \quad \cos\omega' = \frac{F'}{\sqrt{E'G'}},$$

$$\sin\omega = \sqrt{\frac{EG - F^2}{EG}}, \quad \sin\omega' = \sqrt{\frac{E'G' - F'^2}{E'G'}},$$

可以写成

$$\alpha\sqrt{E'G' - F'^2} = \sqrt{EG'} \cdot \sin(\omega + \omega' - \psi),$$

$$\beta\sqrt{E'G' - F'^2} = \sqrt{GG'} \cdot \sin(\omega' - \psi),$$

$$\gamma\sqrt{E'G' - F'^2} = \sqrt{EE'} \cdot \sin(\psi - \omega),$$

$$\delta\sqrt{E'G' - F'^2} = \sqrt{GE'} \cdot \sin\psi.$$

由于通过替换

$$\mathrm{d}p' = \alpha\mathrm{d}p + \beta\mathrm{d}q,$$
$$\mathrm{d}q' = \gamma\mathrm{d}p + \delta\mathrm{d}q,$$

三项式

$$E'\mathrm{d}p'^2 + 2F'\mathrm{d}p' \cdot \mathrm{d}q' + G'\mathrm{d}q'^2$$

变换成

$$E\mathrm{d}p^2 + 2F\mathrm{d}p \cdot \mathrm{d}q + G\mathrm{d}q^2,$$

我们很容易地得到

$$EG - F^2 = (E'G' - F'^2)(\alpha\delta - \beta\gamma)^2.$$

并且反过来,后一个三项式必然可以通过下列替换变换为前一个三项式:

$$(\alpha\delta - \beta\gamma)\mathrm{d}p = \delta\mathrm{d}p' - \beta\mathrm{d}q',$$
$$(\alpha\delta - \beta\gamma)\mathrm{d}q = -\gamma\mathrm{d}p' + \alpha\mathrm{d}q',$$

我们发现

$$E\delta^2 - 2F\gamma\delta + G\gamma^2 = \frac{EG - F^2}{E'G' - F'^2} \cdot E',$$

$$- E\beta\delta + F(\alpha\delta + \beta\gamma) - G\alpha\gamma = \frac{EG - F^2}{E'G' - F'^2} \cdot F',$$

$$E\beta^2 - 2F\alpha\beta + G\alpha^2 = \frac{EG - F^2}{E'G' - F'^2} \cdot G'.$$

§22

从前面的一般讨论,我们开始进入一个非常广阔的应用领域. 在这里我们取 p', q' 为 §15 中用 r, ϕ 表示的数量,同时保持 p, q 的最一般的意义. 我们在这里也将以这样的方式运用 r, ϕ,即对于曲面上的任意点, r 为从一个固定的点到该点的最短线的距离,而 ϕ 是这一点处的 r 的线元素与一个固定方向的夹角. 由此我们有

$$E' = 1, \quad F' = 0, \quad \omega' = 90°.$$

我们令

$$\sqrt{G'} = m,$$

那么,任意的线元素等于

$$\sqrt{\mathrm{d}r^2 + m^2 \mathrm{d}\phi^2}.$$

因此,在前文中导出的关于 $\alpha, \beta, \gamma, \delta$ 的四个等式就给出

$$\sqrt{E} \cdot \cos(\omega - \psi) = \frac{\partial r}{\partial p}, \tag{1}$$

$$\sqrt{G} \cdot \cos \psi = \frac{\partial r}{\partial q}, \tag{2}$$

$$\sqrt{E} \cdot \sin(\psi - \omega) = m \cdot \frac{\partial \phi}{\partial p}, \tag{3}$$

$$\sqrt{G} \cdot \sin \psi = m \cdot \frac{\partial \phi}{\partial q}. \tag{4}$$

但是,上一节中的最后一个方程以及倒数第 2 个方程给出

$$EG - F^2 = E\left(\frac{\partial r}{\partial q}\right)^2 - 2F \cdot \frac{\partial r}{\partial p} \cdot \frac{\partial r}{\partial q} + G\left(\frac{\partial r}{\partial p}\right)^2, \tag{5}$$

$$\left(E \cdot \frac{\partial r}{\partial q} - F \cdot \frac{\partial r}{\partial p}\right) \cdot \frac{\partial \phi}{\partial q} = \left(F \cdot \frac{\partial r}{\partial q} - G \cdot \frac{\partial r}{\partial p}\right) \cdot \frac{\partial \phi}{\partial p}. \tag{6}$$

作为 p, q 的函数,数量 r, ϕ, ψ 和 m(如果需要的话)必定可以由这些方程所确定. 事实上,方程(5)的积分给出 r; r 解出后,积分方程(6)可以求出 ϕ;并且,可以从方程(1)、(2)中的一个解出 ψ 本身;最后,可以从方程(3)、(4)中的一个或另一个解得 m.

方程(5)、(6)的积分必然会引入两个任意的函数. 我们将很容易地理解它们的意义,如果我们记得这些方程并不只限于我们所考虑的

情形. 当 r 和 ϕ 具有 §16 中更普遍的意义时, 方程仍成立. 如此, r 是正交于一条固定的但却是任意的曲线的最短线的弧长, 而 ϕ 是这一固定曲线的部分弧长的一个任意函数, 这一部分是任意最短线与一个任意固定点之间的截线. 一般的解决必须包括所有这些一般的方法. 而任意的函数成为确定的函数, 仅当任意曲线和任意函数 (这里 ϕ 必须表示出) 成为确定的. 在我们的情形, 可以考虑一个无穷小圆, 它的圆心取为度量距离 r 的起点, 并且 ϕ 表示圆周上的部分除以半径的商. 由此容易看到方程 (5)、(6) 对于我们这个情形是充分的, 如果假定未被确定的函数满足条件: r 和 ϕ 满足初始点和与这个点相距一个无穷小距离的点的条件.

此外, 关于方程 (5)、(6) 的积分本身, 我们知道, 它可以约化为常微分方程的积分. 然而, 这个积分经常会非常复杂以至于这种化简可以得到的东西很少. 相反, 当仅考虑曲面的一个有限的部分时, 展开为级数序列是没有困难的, 而且这对于实际需要是足够的了; 并且这个公式成为解决很多重要问题的一个丰富的源泉. 但是, 在此为了说明这种方法的本质, 我们将仅详细阐述一个简单的例子.

§23

现在, 我们将考虑下列情形, 在这里所有 p 为常数的曲线是正交于 $\phi = 0$ 的曲线的最短线, 其中 $\phi = 0$ 的曲线可以看成横坐标轴. 设 A 是对应于 $r = 0$ 的点, D 是横坐标轴上的任意一点, $AD = p$, B 是正交 AD 于点 D 的最短线上的任意一点, 且 $BD = q$, 因而 p 可以看成点 B 的横坐标, q 是纵坐标. 我们假设横坐标在与 $\phi = 0$ 相应的轴的一侧为正向, 而 r 则总认为是正的. 我们让纵坐标在角 ϕ 为 0° 到 180° 之间的区域为正向.

由 §16 的定理, 我们有

$$\omega = 90°, \quad F = 0, \quad G = 1,$$

并且令

$$\sqrt{E} = n,$$

因此, n 将是 p, q 的函数, 使得当 $q = 0$ 时, 它必等于一个单位. 利用 §18 的公式于我们的情形表明, 无论在怎样的最短线上必有

$$\mathrm{d}\theta = \frac{\partial n}{\partial q} \cdot \mathrm{d}p,$$

这里 θ 表示这条最短线上的线元素与 q 为常数的曲线的线元素之间的夹角. 现在, 由于横轴本身是一条最短线, 并且由于在其上任何地方我们都有 $\theta = 0$, 我们看到对于 $q = 0$ 必然处处有

$$\frac{\partial n}{\partial q} = 0.$$

因此, 我们得到, 如果 n 展开为关于 q 的级数, 那么这个级数必有如下形式:

$$n = 1 + fq^2 + gq^3 + hq^4 + \cdots,$$

这里 f, g, h 等是 p 的函数, 我们令

$$f = f^\circ + f'p + f''p^2 + \cdots,$$
$$g = g^\circ + g'p + g''p^2 + \cdots,$$
$$h = h^\circ + h'p + h''p^2 + \cdots$$

或者

$$n = 1 + f^\circ q^2 + f'pq^2 + f''p^2q^2 + \cdots$$
$$+ g^\circ q^3 + g'pq^3 + \cdots$$
$$+ h^\circ q^4 + \cdots.$$

§24

在我们的情形, §22 的方程给出

$$n\sin\psi = \frac{\partial r}{\partial p}, \quad \cos\psi = \frac{\partial r}{\partial q}, \quad -n\cos\psi = m \cdot \frac{\partial \phi}{\partial p}, \quad \sin\psi = m \cdot \frac{\partial \phi}{\partial q},$$

$$n^2 = n^2\left(\frac{\partial r}{\partial q}\right)^2 + \left(\frac{\partial r}{\partial p}\right)^2, \quad n^2 \cdot \frac{\partial r}{\partial q} \cdot \frac{\partial \phi}{\partial q} + \frac{\partial r}{\partial p} \cdot \frac{\partial \phi}{\partial p} = 0.$$

有了这些方程 (其中第 5 及第 6 个方程包含于其他方程之中), $r, \phi, \psi,$ m 或者这些量的任意的函数可以展开为级数. 我们将在此建立那些特别值得我们注意的级数展开.

由于对于无穷小的 p, q 的值我们必须有

$$r^2 = p^2 + q^2,$$

关于 r^2 的级数将开始于项 $p^2 + q^2$. 利用方程

$$\left[\frac{1}{n} \cdot \frac{\partial(r^2)}{\partial p}\right]^2 + \left[\frac{\partial(r^2)}{\partial q}\right]^2 = 4r^2,$$

通过待定系数法我们得到高阶的项[①], 由此我们有

$$r^2 = p^2 + \frac{2}{3}f^\circ p^2q^2 + \frac{1}{2}f'p^3q^2 + \left(\frac{2}{5}f'' - \frac{4}{45}f^{\circ 2}\right)p^4q^2 + \cdots$$
$$+ q^2 + \frac{1}{2}g^\circ p^2q^3 + \frac{2}{5}g'p^3q^3 + \cdots$$

---

① 我们认为再次给出这个计算并不必要, 而且计算过程可以通过某些技巧而化简. ——原注

$$+ \left(\frac{2}{5}h^\circ - \frac{7}{45}f^{\circ 2} \right) p^2 q^4 + \cdots, \tag{1}$$

那么从公式

$$r\sin\psi = \frac{1}{2n} \cdot \frac{\partial(r^2)}{\partial p}$$

我们有

$$r\sin\psi = p - \frac{1}{3}f^\circ pq^2 - \frac{1}{4}f'p^2q^2 - \left(\frac{1}{5}f'' + \frac{8}{45}f^{\circ 2} \right)p^3q^2 + \cdots$$

$$- \frac{1}{2}g^\circ pq^3 - \frac{2}{5}g'p^2q^3 + \cdots$$

$$- \left(\frac{3}{5}h^\circ - \frac{8}{45}f^{\circ 2} \right)pq^4 + \cdots, \tag{2}$$

从公式

$$r\cos\psi = \frac{1}{2} \cdot \frac{\partial(r^2)}{\partial q}$$

有

$$r\cos\psi = p + \frac{2}{3}f^\circ p^2q + \frac{1}{2}f'p^3q + \left(\frac{2}{5}f'' - \frac{4}{45}f^{\circ 2} \right)p^4q + \cdots$$

$$+ \frac{3}{4}g^\circ p^2q^2 + \frac{3}{5}g'p^3q^2 + \cdots$$

$$+ \left(\frac{4}{5}h^\circ - \frac{14}{45}f^{\circ 2} \right)p^2q^3 + \cdots. \tag{3}$$

这些公式给出角度 ψ. 对角 ϕ 的计算, 用同样的方法, 关于 $r\cos\phi$ 和 $r\sin\phi$ 的级数展开, 可以用偏微分方程非常优美地展开为

$$\frac{\partial r\cos\phi}{\partial p} = n\cos\phi \cdot \sin\psi - r\sin\phi \cdot \frac{\partial\phi}{\partial p},$$

$$\frac{\partial r\cos\phi}{\partial q} = \cos\phi \cdot \cos\psi - r\sin\phi \cdot \frac{\partial\phi}{\partial q},$$

$$\frac{\partial r\sin\phi}{\partial p} = n\sin\phi \cdot \sin\psi + r\cos\phi \cdot \frac{\partial\phi}{\partial p},$$

$$\frac{\partial r\sin\phi}{\partial q} = \sin\phi \cdot \cos\psi + r\cos\phi \cdot \frac{\partial\phi}{\partial q},$$

$$n\cos\psi \cdot \frac{\partial\phi}{\partial q} + \sin\psi \cdot \frac{\partial\phi}{\partial p} = 0,$$

联立这些方程得到

$$\frac{r\sin\psi}{n} \cdot \frac{\partial r\cos\phi}{\partial p} + r\cos\psi \cdot \frac{\partial r\cos\phi}{\partial q} = r\cos\phi,$$

$$\frac{r\sin\psi}{n} \cdot \frac{\partial r\sin\phi}{\partial p} + r\cos\psi \cdot \frac{\partial r\sin\phi}{\partial q} = r\sin\phi.$$

从这两个方程,关于 $r\cos\phi$ 和 $r\sin\phi$ 的级数展开可以容易地得到,它们的首项显然分别为 p, q. 这些级数为

$$\begin{aligned}
r\cos\phi &= p + \frac{2}{3}f^{\circ}pq^2 + \frac{5}{12}f'p^2q^2 + \left(\frac{3}{10}f'' - \frac{8}{45}f^{\circ 2}\right)p^3q^2 + \cdots \\
&\quad + \frac{1}{2}g^{\circ}pq^3 + \frac{7}{20}g'p^2q^3 + \cdots \\
&\quad + \left(\frac{2}{5}h^{\circ} - \frac{7}{45}f^{\circ 2}\right)pq^4 + \cdots,
\end{aligned} \tag{4}$$

$$\begin{aligned}
r\sin\phi &= q - \frac{1}{3}f^{\circ}p^2q - \frac{1}{6}f'p^3q - \left(\frac{1}{10}f'' - \frac{7}{90}f^{\circ 2}\right)p^4q + \cdots \\
&\quad - \frac{1}{4}g^{\circ}p^2q^2 - \frac{3}{20}g'p^3q^2 + \cdots \\
&\quad - \left(\frac{1}{5}h^{\circ} + \frac{13}{90}f^{\circ 2}\right)p^2q^3 + \cdots.
\end{aligned} \tag{5}$$

联立方程(2)、(3)、(4)、(5),可以导出 $r^2\cos(\psi + \phi)$ 的级数展开,而且从这里(除以级数(1))可以得出关于 $\cos(\psi + \phi)$ 的级数展开,由此可以得到角 $\psi + \phi$ 本身的一个级数展开. 然而,这个级数可以用下列方法更加优美地获得. 通过微分本节开头引进的第 1 和第 2 个方程,我们得到

$$\sin\psi \cdot \frac{\partial n}{\partial q} + n\cos\psi \cdot \frac{\partial\psi}{\partial q} + \sin\psi \cdot \frac{\partial\psi}{\partial p} = 0.$$

而这个方程联合下列方程

$$n\cos\psi \cdot \frac{\partial\phi}{\partial q} + \sin\psi \cdot \frac{\partial\phi}{\partial p} = 0$$

给出方程

$$\frac{r\sin\psi}{n} \cdot \frac{\partial n}{\partial q} + \frac{r\sin\psi}{n} \cdot \frac{\partial(\psi + \phi)}{\partial p} + r\cos\psi \cdot \frac{\partial(\psi + \phi)}{\partial q} = 0.$$

利用待定系数法,从这个等式,并且注意到级数的首项必定是 $\frac{1}{2}\pi$(半径认为等于 $1, 2\pi$ 表示这个圆的周长),我们可以容易地导出关于 $\psi + \phi$ 的级数展开.

$$\begin{aligned}
\psi + \phi &= \frac{1}{2}\pi - f^{\circ}pq - \frac{2}{3}f'p^2q - \left(\frac{1}{2}f'' - \frac{1}{6}f^{\circ 2}\right)p^3q + \cdots \\
&\quad - g^{\circ}pq^2 - \frac{3}{4}g'p^2q^2 + \cdots
\end{aligned}$$

$$- \left(h^\circ - \frac{1}{3} f^{\circ 2} \right) pq^3 + \cdots. \tag{6}$$

看来展开 $\triangle ABD$ 的面积为一个级数也值得. 关于这个推广, 我们可用下列条件方程, 这个方程可以容易地从非常明显的几何考虑导出, 并且在这里 S 表示所需的面积:

$$\frac{r\sin\psi}{n} \cdot \frac{\partial S}{\partial p} + r\cos\psi \cdot \frac{\partial S}{\partial q} = \frac{r\sin\psi}{n} \cdot \int n \mathrm{d}q.$$

积分从 $q = 0$ 开始. 利用待定系数法, 从这个等式我们得到

$$S = \frac{1}{2} pq - \frac{1}{12} f^\circ p^3 q - \frac{1}{20} f' p^4 q - \left(\frac{1}{30} f'' - \frac{1}{60} f^{\circ 2} \right) p^5 q + \cdots$$

$$- \frac{1}{12} f^\circ pq^3 - \frac{3}{40} g^\circ p^3 q^2 - \frac{1}{20} g' p^4 q^2 + \cdots$$

$$- \frac{7}{120} f' p^2 q^3 - \left(\frac{1}{15} h^\circ + \frac{2}{45} f'' + \frac{1}{60} f^{\circ 2} \right) p^3 q^3 + \cdots$$

$$- \frac{1}{10} g^\circ pq^4 - \frac{3}{40} g' p^2 q^4 + \cdots$$

$$- \left(\frac{1}{10} h^\circ - \frac{1}{30} f^{\circ 2} \right) pq^5 + \cdots. \tag{7}$$

§25

从前面的公式中, 考虑由最短线构成的直角三角形, 现在我们着手讨论一般的情形. 设 C 是同一条最短线 DB 上的另一点, 在这一点上 p 保持与点 B 相同的值, 并且 q', r', ϕ', ψ', S' 与点 B 处的 q, r, ϕ, ψ, S 具有相同的含义. 由此在点 A, B, C 之间有一个三角形, 它的角我们记为 A, B, C, 与其相对的边记为 a, b, c, 并且面积记为 σ. 我们分别用 α, β, γ 记在点 A, B, C 处的曲率测度. 假设 (这是允许的) 量 $p, q, q - q'$ 为正的, 我们有

$$A = \phi - \phi', \quad B = \psi, \quad C = \pi - \psi',$$
$$a = q - q', \quad b = r', \quad c = r, \quad \sigma = S - S'.$$

我们首先将面积 σ 表示为一级数. 通过改变 §24 的 (7) 中每一个涉及 B 的量为与 C 有关的量, 我们得到一个关于 S' 的公式. 由此我们有 (精确到六阶的量) 公式

$$\sigma = \frac{1}{2} p(q - q') \Big[1 - \frac{1}{6} f^\circ (p^2 + q^2 + qq' + q'^2)$$

$$- \frac{1}{60} f' p (6p^2 + 7q^2 + 7qq' + 7q'^2)$$

$$-\frac{1}{20}g^\circ(q+q')(3p^2+4q^2+4q'^2)\Big],$$

由 §24 的级数(2)，这个公式也就是

$$c\sin B = p\Big(1 - \frac{1}{3}f^\circ q^2 - \frac{1}{4}f'pq^2 - \frac{1}{2}g^\circ q^3 - \cdots\Big),$$

可以变为下面的公式：

$$\sigma = \frac{1}{2}ac\sin B\Big[1 - \frac{1}{6}f^\circ(p^2 - q^2 + qq' + q'^2)$$

$$-\frac{1}{60}f'p(6p^2 - 8q^2 + 7qq' + 7q'^2)$$

$$-\frac{1}{20}g^\circ(3p^2q + 3p^2q' - 6p^3 + 4q^2q' + 4qq'^2 + 4q'^3)\Big].$$

曲面上任意点的曲率测度变成（ §19 的 m,p,q 为这里的 n,p,q ）

$$k = -\frac{1}{n}\cdot\frac{\partial^2 n}{\partial q^2} = -\frac{2f + 6gq + 12hq^2 + \cdots}{1 + fq^2 + \cdots}$$

$$= -2f - 6gq - (12h - 2f^2)q^2 - \cdots,$$

因此，当 p,q 相应于点 B 时，我们有

$$\beta = -2f^\circ - 2f'p - 6g^\circ q - 2f''p^2 - 6g'pq - (12h^\circ - 2f^{\circ 2})q^2 - \cdots,$$

也有

$$\gamma = -2f^\circ - 2f'p - 6g^\circ q' - 2f''p^2 - 6g'pq' - (12h^\circ - 2f^{\circ 2})q'^2 - \cdots,$$

$$\alpha = -2f^\circ.$$

将这些曲率测度引入 σ 的表达式中，我们得到下列精确到六阶的量的表达式（不包括六阶）：

$$\sigma = \frac{1}{2}ac\sin B\Big[1 + \frac{1}{120}\alpha(4p^2 - 2q^2 + 3qq' + 3q'^2)$$

$$+ \frac{1}{120}\beta(3p^2 - 6q^2 + 6qq' + 3q'^2)$$

$$+ \frac{1}{120}\gamma(3p^2 - 2q^2 + qq' + 4q'^2)\Big].$$

如果对于 p,q,q'，我们替换 $c\sin B, c\cos B, c\cos B - a$，则可以保持同样的精确度，这就给出

$$\sigma = \frac{1}{2}ac\sin B\Big[1 + \frac{1}{120}\alpha(3a^2 + 4c^2 - 9ac\cos B)$$

$$+ \frac{1}{120}\beta(3a^2 + 3c^2 - 12ac\cos B)$$

$$+ \frac{1}{120}\gamma(4a^2 + 3c^2 - 9ac\cos B)\Big]. \tag{1}$$

既然所有有关正交于直线 BC 的直线 AD 的表达式已经从这个方程式中消去,我们可以重新排列点 A,B,C 之间的顺序以及关于它们的表达式. 因此,我们有(在同样精确度下)

$$\sigma = \frac{1}{2}bc\sin A\Big[1 + \frac{1}{120}\alpha(3b^2 + 3c^2 - 12bc\cos A)$$

$$+ \frac{1}{120}\beta(3b^2 + 4c^2 - 9bc\cos A)$$

$$+ \frac{1}{120}\gamma(4b^2 + 3c^2 - 9bc\cos A)\Big], \tag{2}$$

$$\sigma = \frac{1}{2}ab\sin C\Big[1 + \frac{1}{120}\alpha(3a^2 + 4b^2 - 9ab\cos C)$$

$$+ \frac{1}{120}\beta(4a^2 + 3b^2 - 9ab\cos C)$$

$$+ \frac{1}{120}\gamma(3a^2 + 3b^2 - 12ab\cos C)\Big]. \tag{3}$$

§26

考虑边长为 a,b,c 的由直线组成的三角形(对于我们的研究)是极其有利的. 这种三角形的角(我们记之为 A^*,B^*,C^*)不同于曲面上的三角形的角,即不同于 A,B,C(相差二阶的量);准确地表达这个差异是值得的. 然而,在这里展示这个与其说是困难的,不如说是繁冗的计算前几步就足够了.

在 §24 的公式 (1)、(4)、(5) 中,以那些关于 C 的量代替 B 的量,我们得到关于 $r'^2, r'\cos\phi', r'\sin\phi'$ 的公式. 那么表达式

$$r^2 + r'^2 - (q - q')^2 - 2r\cos\phi \cdot r'\cos\phi' - 2r\sin\phi \cdot r'\sin\phi'$$

$$= b^2 + c^2 - a^2 - 2bc\cos A$$

$$= 2bc(\cos A^* - \cos A)$$

的展开式联立表达式

$$r\sin\phi \cdot r'\cos\phi' - r\cos\phi \cdot r'\sin\phi' = bc\sin A$$

的展开式,给出下列公式:

$$\cos A^* - \cos A = -(q - q')p\sin A \cdot \Big[\frac{1}{3}f^\circ + \frac{1}{6}f'p + \frac{1}{4}g^\circ(q + q')$$

$$+ \Big(\frac{1}{10}f'' - \frac{1}{45}f^{\circ 2}\Big)p^2 + \frac{3}{20}g'p(q + q')$$

$$+ \Big(\frac{1}{5}h^\circ - \frac{7}{90}f^{\circ 2}\Big)(q^2 + qq' + q'^2) + \cdots\Big].$$

由此我们有(直到五阶的量)

$$A^* - A = (q - q')p \cdot \left[\frac{1}{3}f^\circ + \frac{1}{6}f'p + \frac{1}{4}g^\circ(q + q') + \frac{1}{10}f''p^2 \right.$$

$$+ \frac{3}{20}g'p(q + q') + \frac{1}{5}h^\circ(q^2 + qq' + q'^2)$$

$$\left. - \frac{1}{90}f^{\circ 2}(7p^2 + 7q^2 + 12qq' + 7q'^2) \right].$$

把这些公式与下列公式

$$2\sigma = ap \cdot \left[1 - \frac{1}{6}f^\circ(p^2 + q^2 + qq' + q'^2) - \cdots \right]$$

联立, 并且与上文中已经得到的数量 α, β, γ 的值结合起来, 我们得到 (直到五阶的量)

$$A^* = A - \sigma\left[\frac{1}{6}\alpha + \frac{1}{12}\beta + \frac{1}{12}\gamma + \frac{2}{15}f''p^2 + \frac{1}{5}g'p(q + q') \right.$$

$$+ \frac{1}{5}h^\circ(3q^2 - 2qq' + 3q'^2)$$

$$\left. + \frac{1}{90}f^{\circ 2}(4p^2 - 11q^2 + 14qq' - 11q'^2) \right]. \tag{1}$$

用同样的方法我们可以导出

$$B^* = B - \sigma\left[\frac{1}{12}\alpha + \frac{1}{6}\beta + \frac{1}{12}\gamma + \frac{1}{10}f''p^2 + \frac{1}{10}g'p(2q + q') \right.$$

$$+ \frac{1}{5}h^\circ(4q^2 - 4qq' + 3q'^2)$$

$$\left. - \frac{1}{90}f^{\circ 2}(2p^2 + 8q^2 - 8qq' + 11q'^2) \right], \tag{2}$$

$$C^* = C - \sigma\left[\frac{1}{12}\alpha + \frac{1}{12}\beta + \frac{1}{6}\gamma + \frac{1}{10}f''p^2 + \frac{1}{10}g'p(q + 2q') \right.$$

$$+ \frac{1}{5}h^\circ(3q^2 - 4qq' + 4q'^2)$$

$$\left. - \frac{1}{90}f^{\circ 2}(2p^2 + 11q^2 - 8qq' + 8q'^2) \right]. \tag{3}$$

因为和 $A^* + B^* + C^*$ 等于 2 倍的直角, 从这些公式我们推断出和 $A + B + C$ 与 2 倍直角的差的盈余, 也就是

$$A + B + C = \pi + \sigma\left[\frac{1}{3}\alpha + \frac{1}{3}\beta + \frac{1}{3}\gamma + \frac{1}{3}f''p^2 + \frac{1}{2}g'p(q + q') \right.$$

$$\left. + \left(2h^\circ - \frac{1}{3}f^{\circ 2}\right)(q^2 - qq' + q'^2) \right]. \tag{4}$$

这最后的等式也可以从 § 24 的公式(6)推导出来.

§27

如果曲面是一个半径为 R 的球面,我们有

$$\alpha = \beta = \gamma = -2f^\circ = \frac{1}{R^2}; \quad f'' = 0, \quad g' = 0, \quad 6h^\circ - f^{\circ 2} = 0$$

或者

$$h^\circ = \frac{1}{24R^4},$$

因此, §26 的公式(4)变成

$$A + B + C = \pi + \frac{\sigma}{R^2},$$

这是绝对精确的公式. 但是, §26 的公式(1)、(2)、(3)给出

$$A^* = A - \frac{\sigma}{3R^2} - \frac{\sigma}{180R^4}(2p^2 - q^2 + 4qq' - q'^2),$$

$$B^* = B - \frac{\sigma}{3R^2} + \frac{\sigma}{180R^4}(p^2 - 2q^2 + 2qq' + q'^2),$$

$$C^* = C - \frac{\sigma}{3R^2} + \frac{\sigma}{180R^4}(p^2 + q^2 + 2qq' - 2q'^2),$$

或者,同样精确地有

$$A^* = A - \frac{\sigma}{3R^2} - \frac{\sigma}{180R^4}(b^2 + c^2 - 2a^2),$$

$$B^* = B - \frac{\sigma}{3R^2} - \frac{\sigma}{180R^4}(a^2 + c^2 - 2b^2),$$

$$C^* = C - \frac{\sigma}{3R^2} - \frac{\sigma}{180R^4}(a^2 + b^2 - 2c^2).$$

如果忽略四阶的量,从上面我们得到了由杰出的勒让德首次建立的著名的定理.

§28

如果略去四阶的项,我们的一般公式将变得极其简单,即为

$$A^* = A - \frac{1}{12}\sigma(2\alpha + \beta + \gamma),$$

$$B^* = B - \frac{1}{12}\sigma(\alpha + 2\beta + \gamma),$$

$$C^* = C - \frac{1}{12}\sigma(\alpha + \beta + 2\gamma).$$

此时,在一个非球面的曲面上,对于角 A, B, C 的不等的减少量必

须予以考虑,从而使得这些变化了的角的正弦成比例于其对边. 一般地说,这些差量会是三阶的量;但是如果曲面与一个球面的差别微小,那么这个差量会是一个高阶的量. 在地球表面上,即使对于角度可以测量到的巨大的三角形,这种差别通常是太小而难以觉察的. 例如,在最近几年,我们以此种方式已经测得介于 Hohenhagen, Brocken 和 Inselsberg 三点之间的巨大的三角形. 在这里三角之和的盈余是 $14''.85348$,计算出各角处的如下的减少量:

$$\text{Hohenhagen}\cdots\cdots - 4''.95113,$$
$$\text{Brocken}\cdots\cdots - 4''.951021,$$
$$\text{Inselsberg}\cdots\cdots - 4''.95131.$$

§29

通过比较曲面上的一个三角形的面积与边长为 a, b, c 的平面直线三角形的面积,我们将结束我们的研究. 我们记后一个三角形的面积为 σ^*,因此有

$$\sigma^* = \frac{1}{2}bc\sin A^* = \frac{1}{2}ac\sin B^* = \frac{1}{2}ab\sin C^*.$$

精确到四阶的项,我们有

$$\sin A^* = \sin A - \frac{1}{12}\sigma\cos A \cdot (2\alpha + \beta + \gamma),$$

或者,在同样精度下,有

$$\sin A = \sin A^* \cdot \left[1 + \frac{1}{24}bc\cos A \cdot (2\alpha + \beta + \gamma)\right].$$

在 §25 的公式(2)中替换这些值,精确到六阶的项,我们有

$$\sigma = \frac{1}{2}bc\sin A^* \cdot \left[1 + \frac{1}{120}\alpha(3b^2 + 3c^2 - 2bc\cos A)\right.$$
$$+ \frac{1}{120}\beta(3b^2 + 4c^2 - 4bc\cos A)$$
$$\left.+ \frac{1}{120}\gamma(4b^2 + 3c^2 - 4bc\cos A)\right],$$

或者,在同样精度下,有

$$\sigma = \sigma^*\left[1 + \frac{1}{120}\alpha(a^2 + 2b^2 + 2c^2) + \frac{1}{120}\beta(2a^2 + b^2 + 2c^2)\right.$$
$$\left.+ \frac{1}{120}\gamma(2a^2 + 2b^2 + c^2)\right].$$

对于球面,这一公式变成下列形式:

$$\sigma = \sigma^* \left[1 + \frac{1}{24}\alpha(a^2 + b^2 + c^2) \right],$$

在同样精度下,很容易证明下列公式可以代替上述公式:

$$\sigma = \sigma^* \sqrt{\frac{\sin A \cdot \sin B \cdot \sin C}{\sin A^* \cdot \sin B^* \cdot \sin C^*}}.$$

如果把这一公式应用于非球面的曲面上的三角形,一般地说,其误差将是五阶的量,但是在地球表面上所有可以测量到的三角形内,这种误差太小而将是难以察觉的.

结束语

　　本书系统地分析与考察了高斯早年关于非欧几何学的研究和他创立的内蕴微分几何学的基本思想. 将高斯的内蕴微分几何学与其非欧几何学研究视为一个完整的、统一的思想体系,是本书最基本的认识. 因此,我们将高斯的内蕴微分几何学思想置于整个非欧几何学的历史背景中加以比较考察,同时又将高斯早年的非欧几何学研究纳入他所创立的内蕴微分几何学的思想体系之中,通过对原始文献以及相关研究文献的比较分析与研究,我们得出了一些新的结果,主要有:

　　1. 通过对现有研究文献的比较研究,指出了以往关于高斯几何学思想的研究中存在着对高斯的内蕴微分几何学思想与其非欧几何学研究之间的内在联系认识不足的状况:以往的研究者或者没有揭示出这种内在的联系(如 F. 克莱因),或者存在着矛盾之处(如 M. 克莱因).

　　2. 深入探讨了高斯内蕴微分几何学的思想渊源. 指出了高斯关于空间观念变革的思想基础和内蕴微分几何学思想的直接现实来源,特别是总结了高斯的大地测量工作对于创立内蕴微分几何学的特殊意义——正是实际的大地测量工作使得高斯找到了"从曲面本身的度量出发决定曲面在空间的形状"之路.

　　3. 通过对高斯早年关于非欧几何学研究的文献的系统分析与考察,概括出高斯关于非欧几何学研究的两个核心问题——平行线的定义(与高斯 – 博内定理相关)和绝对长度单位(与高斯曲率密切相关),并发现:这两个核心问题正是贯穿高斯内蕴微分几何学整个思想体系的一条红线. 由此,我们总结了高斯的非欧几何学思想的实现途径及他为此所奠定的思想基础.

　　4. 通过对高斯的历史性论文《关于曲面的一般研究》的内容的系统分析与研究,归纳了高斯内蕴微分几何学的基本思想. 特别是通过对第 21~29 节内容的深入解读,论证了高斯创立内蕴微分几何学的真正用意是与展开其非欧几何学研究密切相关的.

　　5. 本研究历史地重构了高斯创立内蕴微分几何学的思想轨迹,刻画了这位数学巨匠将内蕴微分几何学思想与其非欧几何学研究相统一的整体手笔——从直线到测地线,从平行公设的否定到弯曲空间概念的产生,从弯曲空间的度量到第一基本形式的建立,从曲面本身的度量到曲面在空间的形状的决定,从常数(绝对长度单位)高斯曲率曲面到非欧几何在曲面上的实现,从量地与测天到高斯非欧几何的验证,等等,直至高斯的非欧几何学研究的核心问题之解决.

6. 本研究认为:高斯于 1827 年发表的《关于曲面的一般研究》不仅奠定了内蕴微分几何学的坚实基础、开拓了微分几何学的新纪元,而且本质上已经蕴含了他的非欧几何学研究的基本思想,为非欧几何学的发展与最终确认指明了一条微分几何的途径.

综上所述,笔者认为:本研究从本质上揭示了高斯的内蕴微分几何学思想与其非欧几何学研究的深刻的内在联系,这对于全面深入地理解高斯的几何学思想将是有益的,同时也为研究 18 世纪末 19 世纪初几何学发展的历史提供了一个新的视角.

然而,由于笔者的学识和能力所限,对高斯的几何学思想理解尚有不够深入之处,特别是对于高斯－博内－陈定理的研究还远远不够,而这对于全面理解和把握高斯的几何学思想将是非常重要的. 这些既是本书的局限,也是笔者今后进一步努力的方向.

致谢

　　本书是在我的导师李文林先生的悉心指导下完成的. 从论文的开题到整体布局,从论文的理论构建直至论文的最后修改,等等,整个过程无不凝聚着先生的心血和精心指导. 在整个攻读博士学位期间,先生无数次地谆谆教诲,往往使愚生茅塞顿开. 先生的思想深刻地影响了我,先生渊博的学识、严谨的学风、坦荡的胸襟以及高尚的人格,令我无限地敬仰和爱戴. 先生的教诲,必将影响我的一生.

　　回想这么多年来,为了心中的理想而奋斗的历程,我的心情久久不能平静. 1985 年我本科毕业于江西师范大学并一直在中学任教,直至 2001 年的一个偶然机会,考回母校在职攻读数学教育专业硕士学位. 正是在这期间,我开始接触到数学史,那博大的数学思想史令我痴迷. 也正是在这一期间,我有幸认识了我的导师李文林先生,并从此改变了我的人生轨迹. 正是先生的引领,我走上了近现代数学史研究之路,是先生的教导使我走向成功,实现了自己梦寐以求的梦想,在我心驰神往的科学殿堂——中国科学院数学与系统科学研究院——圆了我的博士之梦! 对先生的感激之情真是难于言表,我必将终生难以忘怀⋯⋯

　　感谢攻读博士学位期间我的学位课程的老师们,他们是:武汉大学张敦穆教授(微分拓扑学),中国科学院数学与系统科学研究院潘建中研究员(K-理论)、石赫研究员和马玉杰老师(代数曲线、流形的拓扑学). 他们的学识、为人以及所开的课程都给我以深刻的启迪和影响. 还有其他的选学课程的老师们,以及数学与系统科学研究院和来院讲学的国内外数学家们,他(她)们的报告使我受益良多. 感谢数学与系统科学研究院为我们提供了良好的学习氛围和研究条件.

　　感谢美国加州大学伯克利分校的微分几何学家伍鸿熙教授,在 2006 年 6 月 9 日北京国际多复变函数论会议上,我听取了伍鸿熙教授所做的报告"Historical Development of the Gauss-Bonnet Theorem",这一报告使我深受启发,会后我还就有关的问题请教伍鸿熙教授并得到他的耐心解答,同时伍鸿熙教授还将他的报告全文提供给我学习和研究,我在本书的第 6 章中引用了伍鸿熙教授的思想,在此我对伍鸿熙教授的帮助表示衷心的感谢.

由于个人兴趣,我先后两次选学中国科学院研究生院彭家贵教授的微分流形课程,并就有关问题请教于彭教授;由于同样的原因,我还专程到北京大学听取了陈维桓教授所开的微分几何课程,受益匪浅. 对彭家贵教授的耐心教导和指点,对陈维桓教授的教导,我借此机会一并表示感谢.

感谢大师兄郭世荣教授,以及王丽霞博士、程钊博士、林立军博士、任辛喜博士、杨浩菊博士、杨静博士,还有师妹武修文博士. 感谢他(她)们对我学业的帮助.

感谢我的同届学友陈大广、姜涛、谢波、郭向前、刘建波、蔡好涛、何凌冰、黄平亮和季安安诸位博士,我们在一起度过了三年愉快的美好时光. 特别感谢我的师妹武修文博士,与我一起共享三年来的喜与忧.

感谢我的父母、岳父母、哥嫂及其他家人对我的关心和支持.

最后,我要特别地感谢我的夫人王燕青女士,她辛勤地操持家务,照顾儿子的生活和学业,让我全身心地为我的理想奋斗拼搏,这是对我学业的最大支持! 可以说,如果没有她的支持,我是很难顺利完成我的学业的,更难实现从中学到中科院的跨越. 我的儿子陈士博永远是我的自豪和骄傲,我的每次重大决定都有他的智慧的影响. 他们是我生命中最重要的人,是我精神之所依,更是我为之奋斗的不竭动力和力量源泉.

感谢所有关心和帮助我的亲人、朋友、老师和同学们!

2007 年 4 月 19 日于北京
中国科学院数学与系统科学研究院
2012 年 4 月 14 日修改于
江西师范大学(瑶湖校区)翰园